Die ZEITSCHRIFT FÜR ANGEWANDTE GEOLOGIE berichtet ständig über folgende Arbeitsgebiete: Geologische Grundlagenforschung und Lagerstättenforschung / Methodik der geologischen Erkundung / Ökonomie und Planung der geologischen Erkundung / Technik der geologischen Erkundung / Geologie und Lagerstättenkunde im Ausland. In der Zeitschrift können alle strittigen Fragen der praktischen Geologie behandelt werden. Die Autoren übernehmen für ihre Aufsätze die übliche Verantwortung.

Berichtigung

Im Beitrag von D. T. KORSHINSKI „Das Problem der Spilite und die Hypothese der Transvaporisation im Lichte neuer ozeanologischer und vulkanologischer Ergebnisse", H. 7, 1963, muß es richtig heißen: S. 362, rechte Spalte, 5. Zeile von oben, anstatt „Tertiär"— „Quartär"; S. 363, linke Spalte, 2. Zeile von unten, anstatt „Rest nicht bestimmt" — „kein Glühverlust"; S. 364, linke Spalte, 2. Zeile von oben, anstatt „trockenen Varietäten" — kontinentalen Varietäten".

Die Redaktion

ZEITSCHRIFT FÜR ANGEWANDTE GEOLOGIE

KOLLEKTIVE CHEFREDAKTION

Dr. K. KAUTER (Redaktionssekretär)
Dr. F. STAMMBERGER
Dr. G. TISCHENDORF
Dipl.-Berging.-Geol. G. ZINDLER

BAND 10 · JANUAR 1964 · HEFT 1

Über die Ausbildung eines Granit-Endokontaktes am Beispiel des Eibenstocker Granitmassivs im Raum von Johanngeorgenstadt[1]

HEINZ SCHÜTZEL, Freiberg (Sa.), & GERHARD HERRMANN, Karl-Marx-Stadt

Der reiche Metallinhalt des sächsisch-böhmischen Erzgebirges verteilt sich bekanntlich nicht gleichmäßig über das gesamte Gebirge, sondern ist in bestimmten Bezirken konzentriert, die bereits vor der Metallogenese dadurch räumlich fixiert wurden, daß an solchen Stellen mehrere geologische Faktoren in ihrer Wirkung zusammenfielen. Zu derartigen prämetallogenetischen Faktoren kann man u. a. rechnen:

1. die Morphologie der Kontaktfläche des unterteufenden Granits, wobei besondere Bedeutung den Aufkoppelungen, Dom- und Rückenbildungen zukommt;
2. die Herausbildung eines Gangzuges (-schwarmes) oder (günstiger) eines Gangnetzes (-gitters), wobei die Entstehungsursache keine Rolle spielt; es ist also gleichgültig, ob die Entstehung des Spaltensystems eine Folgeerscheinung der Kontraktion einer abkühlenden Intrusivmasse ist oder ob das Kluftsystem aus rein tektonischen Vorgängen (ohne Mitwirkung eines Volumenschwunds) resultiert (z. B. Spalten einer niederen Ordnung als Begleiter von Bruch- und Ruschelzonen höherer Ordnung oder Spaltensysteme im stumpfen Winkel sich kreuzender Großstörungen);
3. die Existenz von Gesteinsserien, die sich durch bestimmte physikochemische Eigenschaften wesentlich von ihrer Umgebung unterscheiden (z. B. Zwischenschaltungen von kohlenstoffreichen oder pyritführenden Gesteinsgliedern, von basischen Einlagerungen oder von Gesteinen mit stark veränderter Wärmeleitfähigkeit, wie Quarzite u. a.) und dadurch eine Störung des physikochemischen Gleichgewichts der sie (später) durchfließenden Hydrothermallösungen verursachen.

Die hohen Metallkonzentrationen in solchen Räumen führten zu einem oft einige Jahrhunderte aushaltenden Bergbau, wobei einzelne Bezirke gelegentlich mehrere (durch längere Ruheperioden getrennte) Blütezeiten erlebt haben. Während im Erzgebirge in den älteren Epochen das Interesse vorwiegend der Gewinnung von Silbererzen galt, hat sich in jüngeren Jahren die Aufmerksamkeit auf die Bunt- und Sondermetalle (Legierungsmetalle, Halbleitermetalle) und die Rohstoffe für die Gewinnung von Atomenergie gerichtet.

Wohl alle erzgebirgischen Gangerzlagerstätten stehen mit spätvaristischen Graniten in ursächlichem Zusammenhang. In einigen Lagerstättenbezirken sind die Granite von der Erosion bereits freigelegt worden (Zinnwald—Altenberg, Geyer—Ehrenfriedersdorf, Schneeberg—Schlema u. a.), in anderen ist der erzliefernde Granit in jüngster Zeit mit den tiefsten Untertageaufschlüssen angefahren worden (Marienberg in rd. 720 m, Annaberg in rd. 600 m, Oelsnitz/Vogtl. in rd. 400 m Teufe); für den Freiberger Erzbezirk ist der Granit von lagerstättenkundlicher (O. OELSNER 1952, L. BAUMANN 1958), von regionalgeologischer (A. WATZNAUER 1954) und von geophysikalischer Seite (G. HERTWIG) wahrscheinlich gemacht worden, wenn auch die neuen Tiefbohrungen (M. KRAFT & G. TISCHENDORF 1960) den Granit nicht erreicht haben. Nur an wenigen Stellen des Erzgebirges fehlen noch faktische Angaben über die Teufenlage der Granitkontaktfläche, so z. B. innerhalb des Grabenbruches zwischen der Markersbacher und Scheibenberger Störzone im Bereich der Lagerstätten Niederschlag (H. SCHULZ 1961) und Scheibenberg. Aber auch hier sind Untersuchungen im Gange und werden in Kürze Angaben über die Tiefenlage des Granits liefern, der vermutlich tiefer als 1200 m unter der derzeitigen Landoberfläche angetroffen werden wird.

Das von K. DALMER (1900) vermutete, von O. OELSNER (1952) begründete und von A. WATZNAUER (1954) präzisierte Bild, wonach das gesamte Erzgebirgskristallin von einem stark reliefierten, über dieses Gebirge noch hinausgreifenden Großpluton unterteuft wird, konnte durch neuere Untersuchungen immer wieder bestätigt werden.

Die Kontaktzone Granit/Nebengestein hat von jeher das Augenmerk der Geologen auf sich gezogen, da sie sowohl eine Grenzfläche zwischen Körpern von (in der Regel) unterschiedlicher petrochemischer und mineralfazieller Zusammensetzung darstellt als auch als Trennfläche zwischen einer festen und einer (ursprünglich) flüssig-gasförmigen Phase gelten muß. Unter günstigen Umständen kann daher die Beschaffenheit der Kontaktzone Rückschlüsse auf den Intrusionsmechanismus zulassen (H. CLOOS 1925).

Im Lagerstättenbezirk Johanngeorgenstadt war die untertägige Granitkontaktfläche in den letzten Jahren mit außergewöhnlich zahlreichen Auffahrungen in mehreren Horizonten durchörtert worden. Ein Teil der

[1]) Eingang des Manuskripts in der Redaktion: 1. 8. 1963.

Beobachtungen[2]), die durch diese Aufschlüsse in hervorragender Weise ermöglicht wurden, soll Gegenstand der vorliegenden Mitteilung sein, wobei wir uns vorwiegend auf die Zone des Endokontakts beschränken wollen.

Unter „Zone des Endokontakts" sollen im vorliegenden Fall periphere Teile des Eibenstocker Granitmassivs verstanden werden, die sich vorwiegend durch strukturelle und texturelle Besonderheiten von dem „normalen" Erscheinungsbild des Massivgranits unterscheiden.

Dieses normale Erscheinungsbild wird durch die Kornzahl, die Farbzahl, das Gefüge u. a. bedingt. Diese Eigenschaften pflegen innerhalb ein und desselben Massivs nur wenig zu variieren, so daß auf lange Strecken (sowohl in der Horizontalen als auch in der Vertikalen) ein sehr monotones und für das betreffende Massiv typisches „Granitbild" entsteht. Mit Hilfe des visuell leicht einprägbaren „normalen Erscheinungsbildes" ist es erfahrenen Geologen in vielen Fällen möglich, bereits am Handstück die Zugehörigkeit zu einem bestimmten Massiv zu erkennen (KOPTEW-DWORNIKOW 1963).

Die „Zone des Endkontakts" wird also begrenzt von der Granitkontaktfläche einerseits, die bei Intrusivgraniten oft eine sehr deutliche und scharfe Grenzfläche darstellt, und von einer viel weniger scharfen, dennoch gut fixierbaren „Strukturgrenze" andererseits, die innerhalb des Granits liegt und in einem gewissen Abstand zur Kontaktfläche ± parallel verläuft.

Die Mächtigkeit der Endokontaktzone schwankt im Untersuchungsgebiet zwischen 0—5 m; die Mächtigkeitsschwankungen entstehen nicht dadurch, daß die Zone lokal bauchartig anschwillt oder sich anderenorts verdrückt und ausschwänzt, die Mächtigkeit ist vielmehr eine recht deutliche Funktion der Größe des Einfallwinkels der Kontaktfläche, da sie an söhlig liegenden Kontakten ihren größten Betrag erreicht und an saiger einfallenden Kontakten auf wenige cm reduziert ist.

Im Gegensatz zur „normalen" Ausbildung des Eibenstocker Hauptgranits [unter Hauptgranit wollen wir jenen Granittyp verstehen, der etwa 80 Flächenprozent des Massivs ausmacht und üblicherweise als grobkörnig-(serial-)porphyrisch bezeichnet wird (Kornzahl 70 ± 30%)] ist der Bau der Zone des Endokontakts uneinheitlich und äußerst wechselhaft. Neben zahlreichen Einschlüssen bilden eine verwaschene Bänderung und der sprunghafte Wechsel der Kornzahlen die auffälligsten Erscheinungen.

Daher lassen sich in der Regel zwei Teilzonen herauskartieren, nämlich eine Zone kleinkörnigen Granits (mittlere Mächtigkeit 0,5 m), die dem Hauptgranit meist unmittelbar aufliegt und keine Bänderung zeigt (im folgenden kurz „Unterzone" genannt), und eine Zone feinkörnigen Granits (mittlere Mächtigkeit 1,0 m), die auf die Unterzone folgt und an die kontaktmetamorphen Schiefer stößt (im folgenden mit „Oberzone" bezeichnet). Innerhalb der Oberzone läßt sich zwanglos eine weitere Unterteilung in zwei Subzonen durchführen (vgl. Abb.), in eine (liegende) feinkörnige Zone, die den dominierenden Strukturtyp darstellt (sog. Hauptzone), und eine (hangende) feinstkörnige Zone, die unmittelbar an der Kontaktfläche ansetzt (sog. Randzone). Gelegentlich schiebt sich zwischen die Kontaktfläche und die Oberzone noch eine weitere Zone, die als sog. „Stockscheider" bekannt ist und bereits mehrfach beschrieben wurde. Trotz des völlig anderen Erscheinungsbilds ist der „Stockscheider" genetisch nicht von der „Oberzone" zu trennen. Für die Zone des Endokontakts ergibt sich demnach folgende Gliederung:

Tabelle 1

			Kornzahl:
Zone des Endokontakts	Oberzone	Stockscheider	
		(feinstkörnige) Randzone	1900 ± 25%
		(feinkörnige) Hauptzone	1200 ± 20%
	(kleinkörnige) Unterzone		800 ± 20%
Hauptgranit			70 ± 30%

Die Grenze zwischen Unter- und Oberzone ist relativ scharf. Auch diese granitinterne Grenze verläuft annähernd parallel zur Kontaktfläche. Nur selten treten Übergangsbereiche auf, die jedoch sehr geringmächtig sind (max. 5 cm).

Für die genetische Interpretation sind zwei Beobachtungen von Bedeutung: An einigen Stellen dringen keilartige Apophysen feinkörnigen Granits aus der Oberzone in die kleinkörnige Unterzone und in den Hauptgranit ein. Die Mächtigkeit der „Keile" kann an der Interngrenze bis 0,3 m betragen, sie nimmt nach unten rasch ab, so daß die Apophysen bereits nach 0,5 bis 2,0 m ausgekeilt sind. Anderenorts kann man Fragmente der Unterzone in der feinkörnigen Oberzone fixiert finden. Die Teilstücke sind meist scharfkantig begrenzt. Die Längsachse liegt horizontal. Die Schollen erreichen eine Größe von 12×30 cm.

Beide Beobachtungen sind nur erklärbar, wenn man annimmt, daß die Unterzone bereits verfestigt war, als sich die Oberzone noch im (schmelz-)flüssigen Zustand befand. Die Schmelze der Oberzone drang in aufreißende Partien des kleinkörnigen Granits ein und konnte kleinere Schollen aus dem Verband der Unterzone abtrennen.

Über die Viskosität der Schmelze, aus der im Verlauf der weiteren Abkühlung die Oberzone entstand, lassen sich einige Angaben machen. Es müssen zumindest zwei recht unterschiedliche Viskositätsstufen existiert haben, die vermutlich durch Zwischenstufen — die sich nicht ohne weiteres mehr nachweisen lassen — miteinander verbunden waren. Für die Existenz einer sehr leicht beweglichen Schmelze spricht folgende Beobachtung: Das Einfallen der Kontaktfläche ist gewöhnlich sehr flach (ca. 14°). Es gibt jedoch Stellen, wo sie nahezu lotrecht aufsteilt, um dann wieder — meist sehr plötzlich — in das flache Einfallen umzubiegen. Auf diese Weise entstehen Stufen, deren Höhe im Meter- und Dekameterbereich liegt. Es ist hier nicht die Rede von einer postgranitisch-tektonischen Gestaltung der Kontaktfläche, wobei eine auf den ersten Blick ähnliche Stufenbildung entstehen kann, die jedoch Ausdruck einer Zerblockung ist. Es sind hier Stufenbildungen gemeint, die im Verlauf des Intrusionsvorgangs entstanden sind. Betrachtet man solche (in bezug auf den Granit-

[2]) Die Verf. sind Herrn Prof. Dr. WATZNAUER, Direktor der Geologischen Institute der Bergakademie Freiberg, für zahlreiche Ratschläge und helfende Hinweise während der Geländearbeiten zu großem Dank verpflichtet.

pluton konvexe) Umknickstellen näher, so erkennt man, daß das Nebengestein in unmittelbarer Nähe aufgeblättert und von granitischem Material durchädert ist. Gleichzeitig erfolgt von den Knickstellen aus eine Injektion granitischen Materials entlang den Schieferungs- und Schichtinhomogenitätsflächen auf viele Meter ins Nebengestein hinein (vgl. Abb.). Die Mächtigkeit derartiger Granitinjektionen ist im Verhältnis zur flächenhaften Ausbreitung sehr gering. Mitunter treten lit-par-lit-Erscheinungen auf. Diese Injektionsapophysen lassen sich wohl nur erklären, wenn für das injizierte Material eine hohe Beweglichkeit angenommen wird, im vorliegenden Fall ein gasreicher (Mineralisatoren in großer Menge enthaltender) Schmelzfluß. Auf die Existenz von reichlich Mineralisatoren weist eine weitere Beobachtung hin: Oft sind im Bereich der Umknickstellen Einschlüsse im Granit fixiert, die aus turmalinisiertem Nebengestein bestehen. Gelegentlich ist an den Einschlüssen noch die Schieferung zu erkennen (die Schieferungsrichtung der Einschlüsse stimmt meist mit der des Dachgesteins nicht mehr überein, die Fragmente sind also gedreht worden), weit häufiger jedoch handelt es sich um reine Turmalin-Quarz (80:20)-Aggregate, die dazu noch besonders ins Auge fallen, weil sich um sie herum ein cm-starker leukokrater Hof gbildet hat.

Der Gasreichtum der Zone des Endokontakts kommt weiterhin in den zahlreichen pegmatitischen Interpositionen zum Ausdruck. Durch deren Existenz wird aber auch bezeugt, daß der granitische Schmelzfluß, aus dem sich die Oberzone gebildet hat, in einem (vermutlich späteren) Stadium recht viskos gewesen ist.

Größe und Form der pegmatitischen Interpositionen sind sehr unterschiedlich. Die Gestalt derselben läßt sich auf zwei Grundformen zurückführen: plattenförmige Körper von mehreren Quadratmetern Größe mit einer durchschnittlichen Mächtigkeit von 20 cm und ellipsoidförmige Körper von der Größe eines Straußeneis bis zu 1 m³. Sowohl die plattenförmigen als auch die ellipsoidförmigen Pegmatitkörper, die in der feinkörnigen Hauptzone und der feinstkörnigen Randzone fixiert sind, liegen oft nicht regellos im Granit, sondern sind so orientiert, daß die Längsachse parallel zur Kontaktfläche verläuft. Die Grenzfläche ist gewöhnlich recht deutlich und scharf.

Der Deutung dieser pegmatitischen Körper, die u. a. O. OELSNER (1952) gab, wonach es sich um eine Art Gasblasen handelt, die bei ihrem Aufstieg durch eine (viskose) Schmelze von der Erstarrung eingeholt und am jetzigen Fixierungsort eingeschlossen wurden, kann völlig zugestimmt werden mit der Einschränkung, daß die aufsteigenden „Gasblasen“ nicht vom Plutongranit (Hauptgranit) entbunden wurden, sondern aus dem gasreichen Schmelzfluß der Endokontaktzone selbst stammen, in dem eine Vorkonzentration fluider Bestandteile stattgefunden hat.

Für die Gestaltung der plattenförmigen Pegmatitkörper werden zwei Entstehungsursachen für möglich gehalten: 1. Die fluide Phase dringt in Zerrungsräume ein, die sich durch Kontraktionsvorgänge im erstarrenden Randmagma zu bilden beginnen, oder 2. der von der Kontaktfläche rückwirkende Staudruck verursacht eine Deformation der „Gas“blasen zu ± gestreckten Körpern. Nur im Bereich steil einfallender Teile der Kontaktfläche sind die „eingefrorenen“ Gasblasen nicht deformiert; an solchen Stellen stimmt die Richtung der Längsachse der Pegmatitkörper mit der Richtung des Diffusionsgradienten überein.

Recht interessant ist die Beobachtung, daß diese „Internpegmatite“ manchmal mit den Stockscheider-Pegmatiten in Verbindung stehen, wobei die von der Kontaktfläche aus in die Randzone hineinwuchernden Palisadenfeldspate die Pegmatitkörper angezapft haben können. Nur in seltenen Fällen sind die Pegmatitblasen als Nährzentren für Teile des Stockscheider-Pegmatits anzusehen.

Die mineralische Zusammensetzung ist wenig kompliziert. Die vorherrschenden Komponenten sind (milchig-weißer) Quarz und Feldspäte (fleischfarbener Kalifeldspat ohne Mikroklingitterung mit Perthitbändern, dazu gelblichweißer Albit). Hinzu treten grobtafeliger Biotit, kleintafeliger Muskovit und feinschuppiger Serizit. Die Resträume sind oft mit verkieseltem Dickit ausgefüllt. Untergeordnet finden sich schwarzer Turmalin, gelblicher bis bläulicher Topas, Apatit und Fluorit und selten Beryll. Kassiterit oder Wolframit wurden nicht beobachtet.

Außer den Pegmatitkörpern sind in der Oberzone weitere Einlagerungen vorhanden: Nebengesteinseinschlüsse und Turmalin-Quarz-Einschlüsse. Bei den letzteren sind zwei Typen zu unterscheiden. Einmal handelt es sich um völlig turmalinisierte Dachfragmente, wie mit Sicherheit aus den verschiedenen Stadien der Turmalinisierung geschlossen werden kann, und andererseits

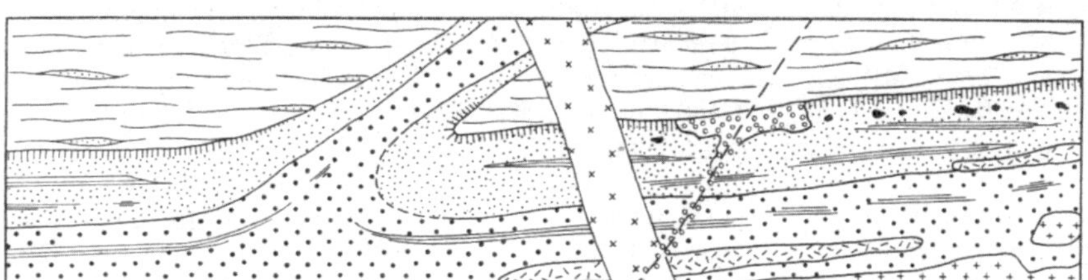

Abb. Ausbildung des Granit-Endokontaktes am Eibenstocker Granitmassiv

1 — Kontaktmetamorpher Phyllit (mit Quarzknauern // s), 2 — Stockscheider; 3 — Randzone, feinstkörnig; 4 — Hauptzone, feinkörnig; 5 — Unterzone, kleinkörnig; 6 — Hauptgranit, 7 — Aplitgang, 8 — Greisen-Kluft, 9 — Turmalinisierte Nebengesteinseinschlüsse, 10 — Biotitschlieren, 11 — Pegmatitkörper

um die bekannten „Turmalinsonnen", die sich — wie das Quarzkorngrundgefüge ausweist — aus dem Wirtsgranit durch lokale pneumatolytische Metasomatose gebildet haben.

In Strecken, die senkrecht zum Streichen der Kontaktfläche in den Granit hinein aufgefahren sind und in denen die Kontaktzone wegen des flachen Einfallens oft auf 50 und mehr m Länge der Beobachtung zugänglich ist, konnten in bezug auf die Turmalin-(Nebengesteins-) Einschlüsse höchst interessante Feststellungen gemacht werden. Verbindet man etwa gleich große Einschlüsse mit einer Linie, so entstehen oft mehrere „Perlschnüre" (die Einschlüsse sitzen dabei nicht eng nebeneinander, sondern sind durch Zwischenräume von mehreren Dezimetern getrennt), die sowohl ± parallel zueinander als auch ± parallel zur Kontaktfläche verlaufen.

Aus dieser Beobachtung kann geschlossen werden, daß Teilstücke des Dachs, die in einem bestimmten Intervall etwa gleichzeitig aus ihrem ursprünglichen Verband gelöst wurden, mit etwa der gleichen Sinkgeschwindigkeit gravitativ in die Schmelze absaigerten. Bei diesem Vorgang erfuhren die Dachfragmente, die in der Regel nicht sehr groß gewesen sein mögen, eine kontinuierliche Veränderung:

In unmittelbarer Nähe der Kontaktfläche sind die Nebengesteinseinschlüsse eckig und scharfkantig. Die Schieferung ist noch deutlich erkennbar. Mit dem weiteren Einsinken der Bruchstücke aus dem Schieferdach und der allseitigen Umhüllung durch die granitische Schmelze werden intensive Wechselbeziehungen wirksam, und die losgelösten Schieferfragmente werden zu Sammelzentren[3]) für die fluiden Anteile der Schmelze. Diese Konzentration von fluider Phase bewirkt einen heftig verlaufenden Turmalinisierungsprozeß (pneumatolytische Metasomatose). Die Turmalinisierung beginnt etwa gleichzeitig vom Rand und von den Schieferungsflächen der Einschlüsse aus; die scharfkantigen Ecken werden abgebaut, die Einschlüsse nehmen gerundete Formen an. Die von den Schieferungsflächen ausgehende Turmalinisierung bewirkt die allmähliche Auslöschung der Schieferungsstruktur, bis schließlich fast körnige (Quarz-)Turmalinaggregate entstehen. Mit der restlosen Turmalinisierung ist die Geschichte dieser Einschlüsse beendet; eine weitere Veränderung findet nicht statt.

Ein anderes Schicksal erleiden jene Einschlüsse, die nicht dem Prozeß der Turmalinisierung anheimfielen, also vor dem Einsetzen der fluid-pneumatolytischen Phase in den Schmelzfluß gerieten. Solche Dachfragmente werden von der Schmelze energisch korrodiert und bis zur völligen Resorption aufgeschmolzen. Der Resorptionsvorgang geht sehr vollständig vor sich, so daß von der ursprünglichen Substanz der Einschlüsse nur höchst selten unverdaute Relikte erhalten bleiben. Die mit dem Aufschmelzungsprozeß Hand in Hand eintretende Veränderung des Chemismus der Schmelze gibt sich u. a. in der enormen Biotitkonzentration der erstarrten Schmelze zu erkennen (der Biotitgehalt steigt fast um 500% — vgl. Integrationsanalysen). Wenn Konvektionsströme vorhanden gewesen sind, so waren diese nicht in der Lage, eine stoffliche Homogenisierung der Schmelze zu erzwingen. In vielen Fällen ist der Beobachter imstande, am Aufschluß die Lage (und mitunter sogar die Form) des ehemaligen Einschlusses anzugeben, indem er einfach die Bereiche der erhöhten Biotitführung umgrenzt. Wegen der diffusen Verteilung des Biotits täuschen die so umgrenzten Partien ein etwas größeres Volumen vor, als es die Einschlüsse vor ihrer Auflösung besaßen.

Liegen, wie es häufig der Fall ist, die Einschlüsse relativ eng nebeneinander und sind sie in einem „Gleichfälligkeits-Horizont" angeordnet (im Fall der turmalinisierten Einschlüsse hatten wir von „Perlschnüren" gesprochen), dann sind sie nach ihrer Auflösung nicht mehr durch an ihre Stelle tretende isolierte biotitreiche Schlieren zu erkennen, sondern die Assimilationsbereiche fließen ineinander über, verlappen und verzahnen sich ohne scharfe Grenzen, so daß zusammenhängende streifen- und bänderartige Biotitschlieren entstehen. Abhängig von der Menge der resorbierten Substanz (d. h. von der Größe und der Anzahl der aufgeschmolzenen Dachfragmente) können die biotitreichen Schlieren mehrere Dezimeter mächtig und einige Dekameter lang werden. Liegen mehrere derartige langgestreckte Schlieren untereinander (vgl. Abb.), kommt es zu der für die Zone des Endokontakts so charakteristischen Bänderung, eine Erscheinung, die schon K. KLEMM bei der Beschreibung des Lausitzer Granits — und, wie ROSENBUSCH (1907) in diesem Zusammenhang bemerkt, „mit Recht" — als endomorphes Kontaktphänomen bezeichnet. Wie die gelegentliche Fixierung von turmalinisierten Nebengesteinsbruchstücken innerhalb der Biotitbänder ausweist, ist der Vorgang der Assimilation ein älterer Prozeß als jener, der zur Turmalinisierung der Dachfragmente führte. Mit zunehmender Anreicherung an Fluiden verliert die Schmelze ihre Fähigkeit zu assimilieren.

Wir hatten das oberste Glied der Zone des Endokontakts in Anlehnung an die alte sächsische Geologenschule als Stockscheider bezeichnet. Gegenüber dem oft gleichwertig dafür gebrauchten Terminus „Randpegmatit" macht die Bezeichnung Stockscheider keine genetische Aussage, sondern stellt lediglich fest, daß mit dieser „Grenzfazies" ein Granitstock vom Nebengestein geschieden wird.

Die Ausbildung des Stockscheiders ist bereits häufig beschrieben worden, so daß lediglich Ergänzungen erforderlich sind: Stets handelt es sich um saumartige Randbildungen. In den Aufschlüssen des Untersuchungsgebietes ist der Stockscheider eine sehr häufige Erscheinung, die nur an sehr steil einfallenden Kontaktflächen fehlt. Die durchschnittliche Mächtigkeit beträgt 0,15 m (max. 1,2 m). Am Aufbau des Stockscheiders beteiligen sich Riesenkristalle von Kalifeldspat (max. Länge 0,85 m!), derber Quarz, Biotit (in Tafeln und dendritischen Wachstumsformen von bis 12 cm ⌀) und feinkörniger Granit. Die Feldspäte sind — bereits makroskopisch ausgezeichnet sichtbar — stets verzwillingt (Karlsbader Gesetz) und perthitisch. Sie stehen mit ihrer Längsachse ± senkrecht auf der Kontaktfläche; als Folge der parallelen Anordnung entsteht das bekannte Palisadenbild. In der Wachstumsrichtung (d. h. von der Kontaktfläche in die Endokontaktzone hinein) verjüngen sich die Feldspatkristalle allmählich; durch Anlagerung von Subkristallen können fingerförmige Auswachsungen

[3]) Dafür spricht auch die Beobachtung, daß an der Unterseite der Einschlüsse gelegentlich eine Kornvergröberung des einhüllenden Granits stattgefunden hat (pegmatitischer Saum).

entstehen. Abgesehen von nie fehlendem Quarz werden die Großkristalle von feinstkörnigem Granit eingehüllt, der mitunter auch die Aufwachsunterlage bildet. Die Existenz von (feinstkörnigem) Granit innerhalb der Stockscheider und der fließende Übergang zwischen Stockscheider und Randzone veranlaßten uns, trotz des sehr unterschiedlichen Erscheinungsbildes dieser beiden Glieder der Oberzone keine Trennung in genetischer Hinsicht vorzunehmen. Wir identifizieren also die Stockscheiderbildungen nicht mit den weiter oben beschriebenen pegmatitischen Einlagerungen der Oberzone[4]).

Die Stockscheider sind keine Produkte der Pegmatitphase („echte" Pegmatite), sondern stellen nach Ansicht der Verf. eine außergewöhnliche Strukturvariante der Massivränder dar, die durch anomale Kristallisationsbedingungen, bei denen die lokale Aufnahme von H_2O aus dem Dach eine Rolle gespielt haben kann, entstanden ist, wobei keinesfalls eine Anreicherung von Fluiden ausgeschlossen ist. Jedoch liegt die zeitliche Bildung noch innerhalb der magmatischen Erstarrungsphase. Durch (spätere) pneumatolytische Prozesse können die Stockscheider weitgehende Veränderungen (z. B. Vergreisenung) erfahren.

Da eine genügend große Anzahl von Integrationsanalysen in befriedigender Weise die stoffliche Zusammensetzung eines Gesteins quantitativ erfassen kann und sich auf diese Art auch petrogenetische Aussagen mit gewissen Einschränkungen ermöglichen lassen, wurde die Zone des Endokontakts integralanalytisch bearbeitet. Es sollen zunächst die gemittelten Werte für den Eibenstocker Hauptgranit (aus den untertägig aufgeschlossenen Teilen des Raums Johanngeorgenstadt) den gemittelten Werten der (kleinkörnigen) Unterzone gegenübergestellt werden (s. Tabelle 2, oberer Teil).

Tabelle 2

	pl_1	pl_2	per	pl	kf	qz	mus	bio	top	zir	Erz	Punkte
Unterzone	17,4	5,3	7,6	25,2	24,2	40,8	1,3	5,9	2,3	0,10	0,10	21566
Hauptgranit	17,2	5,6	9,8	26,3	26,1	39,3	2,9	4,6	0,7	0,05	0,06	62193

	pl_1	pl_2	per	pl	kf	qz	mus	bio	top	zir	Punkte
Oberzone	22,8	10,6	1,5	33,9	19,9	39,1	2,3	1,3	3,5	0,02	7739
Unterzone + Hauptgranit	17,3	5,5	8,7	25,8	25,1	40,1	2,1	5,3	1,5	0,08	83779
Schliere	32,1	2,5	3,6	35,7	14,0	26,0	2,9	20,8	0,36	0,17	4037
Oberzone	22,8	10,6	1,5	33,9	19,9	39,1	2,3	1,3	3,5	0,02	7739

pl_1 – Normalplagioklas, pl_2 – Sprossungsplagioklas, per – perthitischer Anteil des Kalifeldspats, pl – Gesamtplagioklas, kf – Gesamtkalifeldspat, qz – Quarz, mus – Muskovit, bio – Biotit, top – Topas, zir – Zirkon

Abgesehen von den Differenzen im Muskovit- und Topasgehalt stimmen die einzelnen Werte so vollkommen überein, daß für die Unterzone keine andere genetische Deutung bleibt, als sie als randnahe Strukturvariante des Hauptgranits aufzufassen. Die geringen zahlenmäßigen Unterschiede rechtfertigen ohne weiteres, für den Hauptgranit und die Unterzone gemeinsame Mittelwerte zu bilden. Diese werden in der obigen Tabelle den gemittelten Werten der (feinkörnigen) Oberzone gegenübergestellt. Es muß einschränkend bemerkt werden, daß die integrationsanalytischen Werte die tatsächlichen Verhältnisse nicht völlig richtig widerspiegeln, da der pegmatitische Anteil der Oberzone in den Integrationsanalysen nicht mit erfaßt werden konnte (s. Tabelle 2, mittlerer Teil).

Bei etwa gleichen Gehalten an Quarz ergeben sich zwischen Hauptgranit/Unterzone einerseits und Oberzone andererseits einige bemerkenswerte Unterschiede. In der Oberzone liegen die Gehalte an Primärplagioklas rd. 32%, an Plagioklasneubildung fast 100% und an Gesamtplagioklas rd. 31% höher als im Hauptgranit (einschließlich Unterzone); dagegen sind die Gehalte an Perthit um rd. 83%, an Kalifeldspat um rd. 20% und an Biotit um rd. 75% niedriger.

Die Summe der Spätbildungsminerale (pl_2 + mus + top) liegt in der Oberzone rd. 80% höher und die Summe der femischen Gemengteile (bio + zir + Erz) rd. 75% niedriger als im Hauptgranit (einschl. Unterzone). Recht interessant ist die beträchtliche Zunahme an Topas von 0,7% im Hauptgranit über 2,3% in der Unterzone zu 3,5% in der Oberzone.

Rechnet man mit den in chemischen Gesteinsanalysen üblicherweise angegebenen Elementoxyden, ergeben sich folgende Verhältnisse: Bei etwa gleichen Gehalten an Al_2O_3 und SiO_2 (12,33% und 75,21%) hat in der Oberzone eine Zunahme von CaO um 34% und von Na_2O um 33,7%, dagegen eine Abnahme von K_2O um 24,6% gegenüber dem Hauptgranit (einschließlich Unterzone) stattgefunden.

Die in allen Stadien beobachtbare Assimilation von Nebengestein ändert stark den Chemismus der granitischen Schmelze und damit die Mineralzusammensetzung des erstarrten Magmas, wie die Integrationsanalyse einer größeren Resorptionsschliere zeigen mag (s. Tabelle 2, unterer Teil).

Die auffälligsten Unterschiede liegen in den Gehalten an Quarz (in der Oberzone 39,1%, in der Schliere 26,0%) und an Biotit (in der Oberzone 1,3%, in der Schliere 20,8%!). Bezüglich des Chemismus ergibt sich folgendes Bild: Na_2O und CaO haben nur geringfügig (beide je 5,5%) zugenommen, dagegen hat K_2O eine Anreicherung von 21% und Al_2O_3 eine solche von 29,4% erfahren; gleichzeitig ist der SiO-Gehalt um 45,3% gesunken; mit anderen Worten, jener Teil des Magmas der Oberzone, der durch die Aufnahme von Dachmaterial „hybrid" geworden ist, hat gegenüber dem unveränderten Magma stark an Azidität verloren; vom Nebengestein sind vor allem K_2O und Al_2O_3 eingetragen worden.

Die Menge des aus den Dachgesteinen aufgenommenen K_2O reicht jedoch nicht aus, das bei der magmatischen „Differentiation" (Unterzone → Oberzone) entstehende K_2O-Defizit auszugleichen.

[4]) Die Fluide, von denen wir derartige Einlagerungen abgeleitet hatten, können durchaus bis zur Kontaktfläche migrieren und sich hier sammeln, wobei nach den Vorstellungen OELSNERS (1952) auch an eine Rückdrängung des „noch nicht völlig erstarrten Granits" gedacht werden kann. In solchen Fällen ist der Terminus „Randpegmatit" berechtigt.

Es kann angenommen werden, daß Na^+ und Ca^{++} wesentlich schneller aus der Hybridzone ins assimilierende Magma abwandern als K^+ und Al^{+++}.

Die Aufschlüsse gestatten auch eine Angabe über das Verhältnis der Ganggesteine. Das Material der gangförmigen Pegmatoidbildungen — immer nur geringmächtig und von kurzer streichender Erstreckung — stammt ausschließlich aus der Oberzone. Die in der Literatur nicht selten beschriebene Erscheinung, daß die Pegmatitgänge in reine Quarzgänge ausschwänzen, kann bestätigt werden. In Bereichen, in denen Turmalin auftritt, fehlt der Feldspat; Turmalin und Feldspat schließen sich gegenseitig aus. Wesentlich häufiger als Pegmatoidgänge treten Granitgänge auf; sie übertreffen erstere an Mächtigkeit und Ausdehnung bedeutend. Ganz eindeutig ist feststellbar, daß die Oberzone der Lieferant des Gangmaterials ist. In keinem der beobachteten Fälle entwickeln sich die Granitgänge aus der Unterzone bzw. dem Hauptgranit. An mächtigeren Granitgängen ist ein symmetrisch bilateraler Bau erkennbar, der recht genau ein Miniaturbild der Ausbildung der Oberzone darstellt. An den Salbändern kommt es gelegentlich zu stockscheiderartigen Randbildungen, nach ihnen folgt beiderseitig eine feinstkörnige Randzone, der Gangmittelteil besteht aus feinkörnigem Granit. An jenen Stellen, an denen die Granitgänge aus der Randzone abzweigen (vgl. Abb.), konnte beobachtet werden, daß sogar die Glimmer- und Pegmatitschlieren der Randzone („Bänderung)" in die Gänge mit eingeschleppt werden. Nach ihrem Ende zu können die Granitgänge in Quarzgänge übergehen.

Nicht im genetischen Zusammenhang mit der Oberzone stehen die Aplitgänge. Es sind die am häufigsten auftretenden Gesteinsgänge. Sie können mehrere Meter mächtig werden und lassen sich im Einfallen über viele Sohlen und im Streichen auf einige hundert Meter verfolgen. Ihr Ursprung ist nicht aufgeschlossen. Die Aplitgänge durchschlagen mit scharf begrenzten Salbändern den Hauptgranit, die Unterzone und alle Glieder der Oberzone, sie durchsetzen auch die Pegmatoid- und Granitgänge und erweisen sich damit als die jüngsten Gesteinsgänge (vgl. Abb.), deren Material aus dem Massivinnern entbunden wird. Lamprophyr- und Quarzporphyrgänge wurden nicht beobachtet. Alle Glieder der Zone des Endokontakts können durch pneumatolytische und hydrothermale Prozesse starke Umwandlungen erfahren. Die Umwandlungen in der Wirkungssphäre von Hydrothermalgängen liegen außerhalb des Gegenstandes dieser Arbeit. Die pneumatolytischen Prozesse gehen von Klüften aus, die die Zone des Endokontakts transversal durchsetzen, wobei zwei Hauptkluftrichtungen bevorzugt sind. Entsprechend der Kluftfrequenz entstehen Greisenbänder und -zonen von fast schwarzer Farbe, die sich in prägnanter Weise von dem lichtfarbenen Granit abheben. An der Granitkontaktfläche kann es häufig zum Stau der pneumatolytischen Agentien kommen, auf diese Weise entstehen unregelmäßig geformte Greisensäcke und -schläuche. Es handelt sich dabei um Glimmergreisen. Der Feldspat und der Topas des Granits sind in Muskovit umgewandelt. Kassiterit ist in den Greisen nur akzessorisch enthalten, Wolframit fehlt gänzlich.

Ohne Anspruch auf Vollständigkeit zu erheben, sollte dieser Beitrag zunächst die Ausbildung der Endokontaktzone beschreibend erfassen und — darauf basierend — einen Beitrag zur Diskussion über die Frage des Intrusions- und Erstarrungsvorganges eines granitischen Magmas liefern.

Zusammenfassung

Unter „Zone des Endokontakts" werden periphere Teile eines Granitmassivs verstanden, die sich durch strukturelle und texturelle Besonderheiten vom „normalen" Erscheinungsbild des Massivgranits unterscheiden.

Neben zahlreichen Einschlüssen bilden eine verwaschene Bänderung und der sprunghafte Wechsel der Kornzahlen die auffälligsten Erscheinungen der Endokontaktzone, die sich aus zwei Teilzonen, Unterzone und Oberzone, aufbaut. Die Oberzone, infolge von Pegmatoideinlagerungen, Biotitschlieren, Turmalinaggregaten etc. besonders inhomogen, läßt sich in drei Subzonen gliedern (Hauptzone, Randzone, Stockscheider). Die Einzelzonen werden ausführlich beschrieben.

Aus den Beobachtungen wird gefolgert, daß die Oberzone noch im schmelzflüssigen Zustand vorlag, als der Hauptgranit samt Unterzone bereits verfestigt waren. Fragmente des Daches werden in einem Frühstadium weitestgehend aufgeschmolzen (die bänderartigen Biotitschlieren werden als Assimilationssphären gedeutet), in einem Spätstadium unterliegen sie einer pneumatolytischen Metosomatose. Der „Stockscheider" wird als außergewöhnliche Strukturvariante aufgefaßt, die noch während der magmatischen Erstarrungsphase durch anomale Kristallisationsbedingungen (H_2O-Aufnahme aus dem Dach) entstanden ist; nur in Ausnahmefällen ist der Stockscheider ein „Randpegmatit". Es werden die Ergebnisse zahlreicher Integrationsanalysen aus Hauptgranit, Unterzone, Oberzone und Assimilationsschlieren mitgeteilt und diskutiert. Dabei wird festgestellt, daß in der Oberzone eine relative Zunahme an CaO und Na_2O erfolgte und daß in der Assimilationssphäre eine Anreicherung von K_2O und Al_2O_3 stattgefunden hat.

Резюме

Под ,,зоной эндоконтакта'' подразумеваются периферийные части гранитного массива, которые отличаются структурными и текстурными особенностями от ,,нормального'' облика гранитного массива.

Размытая полосчатость и резкая смена зерновых чисел образуют помимо многочисленных включений бросающиеся в глаза явления эндоконтактовой зоны, которая состоит из двух частных зон — нижней зоны и верхней зоны. Верхнюю зону, которая является особенно неоднородной вследствие пегматоидных включений, биотитовых шлиров, турмалиновых аггрегатов и т. д., можно подразделить на три зоны /главная краевая зона, краевая зона и ,,разграничитель штока'' (Stockscheider). Отдельные зоны подробно описываются.

Исходя из наблюдений, делается вывод, что верхняя зона была еще в расплавленном состоянии, когда главный гранит и нижняя зона уже застыли. Реликты кровли сильно расплавлены в ранней стадии (полосчатые биотитовые шлиры рассматриваются как сферы ассимиляции), в поздней стадии они подвергаются пневматолитическому метасоматозу.

,,Разграничитель штока'' рассматривается как исключительная разновидность структуры, которая образовалась еще во время фазы магматического остывания при аномальных условиях кристаллизации (H_2O-захват из кровли); лишь в исключительных случаях разграничитель штока является ,,краевым пегматитом''.

Излагаются и дискутируются результаты интеграционного анализа главного гранита, нижней зоны, верхней зоны и ассимиляционных шлиров. При этом устанавливается, что в верхней зоне происходило сравнительное повышение компонентов CaO и Na_2O, и что в ассимиляционных участках имело место накопление компонентов K_2O и Al_2O_3.

Summary

By „zone of the endogeneous contact" peripheral parts of a granitic block are meant, which differ from the „normal" appearance of the block granite by structural and textural particularities.

A washed-out banding and the abrupt change of the grain numbers in addition to numerous inclusions are the most striking phenomena of the endogenous contact zone. It is based on two partial zones, lower and upper one, of which the latter can be divided into three sub-zones (main marginal zone, marginal zone and „stockscheider"). Owing to intercalated pegmatoids, biotitic schlieren, tourmaline aggregates etc., the upper zone is particularly inhomogeneous. The individual zones are described in detail.

The observations suggest the conclusion that the upper zone was still in a molten state, when the main granite together with the lower zone were already consolidated. In an early stage an extensive smelting of roof fragments takes place (the banded biotite schlieren are interpreted as spheres of assimilation), whereas in a later stage they are subjected to a pneumatolytic metasomatism. The „stockscheider" is conceived as an unusual structural variant, which was formed by anomalous conditions of crystallization (absorption of H_2O from the roof) still during the magmatic phase of consolidation. Only in exceptional cases the „stockscheider" is a „marginal pegmatite".

Results obtained by numerous integration analyses of the main granite, lower zone, upper zone and assimilated schlieren are given and discussed. It is stated that a relative increase of CaO and Na_2O took place in the upper zone, whereas K_2O and Al_2O_3 were concentrated in the sphere of assimilation.

Literatur

BAUMANN, L.: Tektonik und Genesis der Erzlagerstätte von Freiberg. — Freiberger Forsch.-H., C 46 (1958).
BUBNOFF, S. v.: Tektonik und Intrusionsmechanismus im kristallinen Odenwald. — Abh. preuß. geol. Landesanst., N. F., H. 89 (1922).
CLOOS, H.: Der Gebirgsbau Schlesiens. — Berlin 1922.
— Einführung in die tektonische Behandlung magmatischer Erscheinungen, Teil 1. — Berlin 1925.
DALMER K.: Die westerzgebirgische Granitmassivzone. — Z. prakt. Geol., 8, 297—312 (1900).
DITTMANN, A.: Der Zwitterstock zu Geyer im Erzgebirge. — Metall und Erz, 10 (N. F. I.), H. 23, S. 735—745; H. 24, S. 778—787; H. 25, S. 807 bis 818 (1913).
ERDMANNSDÖRFFER, O. H.: Die Einschlüsse des Brockengranits. — Jb. kön. preuß. geol. Landesanst., XXXII, 311—380 (1911).
— Magmatische und metasomatische Prozesse in Graniten, insbesondere Zweiglimmergraniten. — Heidelberger Beiträge, 2, 2/3, 213—268 (1949).
— Die Entwicklung und jetzige Stellung des Granitproblems. — Heidelberger Beiträge, 2, 4, 334—377 (1950).
HEDRICH, G.: Neue Aufschlüsse im Zwitterstock zu Altenberg. — Z. angew. Geol., 4, 2/3, 59—69 (1958).
JARCHOVSKY, T.: Entstehung der Feldspatsäume an Kontakten von Granit- und Greisenstöcken im Erzgebirge. — Krystalinikum, 1, 71—78, Prag 1962.
KRAFT, M. & G. TISCHENDORF: Die Ergebnisse von Tiefbohrungen im Freiberger Lagerstättenbezirk. — Z. angew. Geol., 6, 8, 375—383 (1960).
LAUBE, G.: Geologie des böhmischen Erzgebirges. — Prag 1876.
MEHNERT, K. R.: Der gegenwärtige Stand des Granitproblems. — Fortschr. Min., 37 (1959).
— Über endogene Erzbildung und ihre Beziehung zur Granitentstehung durch selektive Mobilisation. — Neues Jb. Min., Abh., 94, 49—76 (1960).
OELSNER, O.: Die Abhängigkeit der Paragenesen erzgebirgischer Lagerstättenbezirke vom Intrusionsalter der erzgeb. Granite. — Freiberger Forsch.-H., C 3 (1952).
— Die pegmatitisch-pneumatolytischen Lagerstätten des Erzgebirges mit Ausnahme der Kontaktlagerstätten. — Freiberger Forsch.-H., C 4 (1952).
PIETZSCH, K.: Geologie von Sachsen. — VEB Deutscher Verl. Wiss., Berlin 1962.
ROSENBUSCH, H.: Mikroskopische Physiographie der massigen Gesteine, Bd. II, 1. Hälfte. — 4. Aufl. (1907).
SCHULZ, H.: Lagerstättengenetische Untersuchungen an den Baryt-Fluorit-Vorkommen von Niederschlag im Erzgebirge. — Bergakademie, 13, 2, 77—89 (1961).
WATZNAUER, A.: Die erzgebirgischen Granitintrusionen. — Geologie, 3, 6/7, 688—706 (1954).

G. A. TWALTSCHRELIDSE, UdSSR

Metallogenetische Besonderheiten einzelner Typen von Geosynklinalgebieten[1]

Referiert von WOLFGANG BEYER, Schneeberg

Das in den letzten Jahren in der Sowjetunion gesammelte Material zur Metallogenese einzelner Gebiete ermöglichte die Ausgliederung metallogenetischer Zonen. Dabei wurde vorwiegend der zeitliche Faktor des Auftretens von Magmatismus und endogener Mineralisation ausgewertet. Der Autor versuchte dagegen, auch die Tiefenstrukturen der metallogenetischen Zonen zu berücksichtigen, d. h. nicht so sehr die rezenten Strukturformen der Faltengebirge, die im Endstadium der geosynklinalen Entwicklung entstanden, als vielmehr den Charakter der primären Typen der Geosynklinale. Die primären Typen der Geosynklinale bestimmen die Art des Magmatismus und der Metallogenese im Früh- und Mittelstadium der Geosynklinale und die Strukturen des Faltengebirges im Endstadium.

Als primäre Typen von Geosynklinalen unterscheidet der Autor unter Vorbehalt „vulkanogene" Geosynklinalen, „terrigene" Geosynklinalen, Geantiklinalen und Mittelmassive (Zentralmassive). „Vulkanogene" Geosynklinalen sind hauptsächlich mit Produkten vulkanischer Tätigkeit gefüllt (z. B. Kleiner Kaukasus). Die „terrigenen" Geosynklinalen zeigen eine sandig-schiefrige Auffüllung (z. B. Osttransbaikalien). Unter ihnen unterscheidet man noch zentrale Einsenkungen („granitoide" Geosynklinalen) und geantiklinale Erhebungen. Auch die Geantiklinalen werden in zwei Typen gegliedert („vereinigte" und „Rest"-Geantiklinalen). Die Haupterhebung des Großen Kaukasus gehört zum Typ der „vereinigten" Geantiklinalen. Die metallogenetische Charakteristik der Mittelmassive von Geosynklinalen (z. B. rhodopisches, mazedonisches, ägäisches Massiv) ist Gegenstand spezieller Untersuchungen.

[1] Aus: „Isw. Akad. Nauk SSSR", Serie Geologie, Nr. 3, 1962, S. 3—16

Bei Spezialuntersuchungen im Kaukasus stellte der Autor fest, daß die magmatischen Zyklen in drei Hauptstadien unterteilt werden können. Für das Stadium vor der Faltung sind Diabas-Albitophyr-, Spilit-Andesit-, hyperbasitische und basitische Formationen charakteristisch. Im zweiten Stadium, dem Faltungsstadium, treten intensive tektonische Bewegungen und eine Inversion der geosynklinalen Verhältnisse auf. Es intrudieren die Granitoide. Im dritten Stadium, nach der Faltung, intrudieren geringe Mengen porphyrischer Gesteine und kontinentale Effusiva basischer und alkalischer Zusammensetzung. Diese Gliederung ist analog derjenigen anderer Autoren in präorogenes, synorogenes und postorogenes Stadium. Gemäß dieser Gliederung unterscheidet der Autor drei metallogenetische Lagerstättentypen.

Die Lagerstätten des ersten Typs sind vor allem für „vulkanogene" Geosynklinalen typisch. Mit den Hyperbasiten hängen Chromit- und Ni-Vererzungen zusammen. Mit der Gabbro-Dunit-Peridotit-Formation sind besonders die Platin- und Titanomagnetitlagerstätten verknüpft. Die Gebiete der ultrabasischen Intrusionen fixieren unmittelbar die Lage alter Tiefenbrüche.

An die Diabas-Albitophyr-Gruppe sind vor allem die Kieslagerstätten gebunden. Die Lagerstätten, in denen die Kieserzformation auftritt, liegen an der Grenze oder in unmittelbarer Nähe von vulkanogenen und mit ihnen wechsellagernden sedimentären Gesteinen. Diese Gesteine haben saure Zusammensetzung und weisen eine ihnen eigene hydrothermale Metamorphose auf (Albitisierung, Chloritisierung, Serizitisierung und Verquarzung). Viele Bearbeiter kamen in den letzten Jahren zu dem Schluß, daß ein paragenetischer Zusammenhang der Kiesvererzung mit Quarzalbitophyren und ihnen verwandten Gesteinen besteht.

Die primären Typen der Geosynklinale und damit verbundene Vererzung

Typen geosynklinaler Gebiete	Magmatische Formationen und ihre Gruppen	Erzformationen und ihre Gruppen
	Lagerstätten des metallogenetischen Präfaltungstyps	
„Vulkanogene" Geosynklinalen:		
Hyperbasit-Gruppe	Spilit-Diabas-, Hyperbasit- und Basit-Formationen	Chromit-, Platin-Titanomagnetit-Cu-Vererzung
Spilit-porphyrische Gruppe	Spilit-Andesit- und Diabas-Porphyrit-Formationen	Schwefelkies-Vererzung
Diabas-Albitophyr-Gruppe	Diabas-Dazit-Albitophyr-Formation	Kies-, polymetallische Baryt- und Hämatit-Mn-Vererzung
„Terrigene" Geosynklinalen	Diabas-Porphyrit-Gangformation	Cu-Pyrrhotin-Vererzung
	Lagerstätten des metallogenetischen Faltungstyps	
„Vulkanogene" Geosynklinalen aller Gruppen:		
„Terrigene" Geosynklinalen	Plagiogranit- und Gabbro-Diorit-Syenit-Formationen	Magnetit-Cu-Skarn- und polymetallische Au-Vererzung
zentrale Einsenkungen (granitoide Formation)	Batholithe aus granitoiden Gesteinen	Turmalin-Quarz-Pegmatite und Greisen mit seltenen Metallen (Sn, W, Mo und seltene Elemente)
geantiklinale Erhebungen	Granitoide verschiedener Zusammensetzung	polymetallische Vererzung
Geantiklinalen:		
„vereinigter" Typ	Granitoide verschiedener Zusammensetzung	As und seltene Metalle führende Vererzung (As, Mo, W, Au, Sn)
„Rest"-Typ	schwach saure Granitoide	Cu-Mo-, Magnetit-Skarn- und polymetallische Vererzung
	Lagerstätten des metallogenetischen Postfaltungstyps	
„Vulkanogene" Geosynklinalen:		
Hyperbasit-Gruppe (Synklinorien)	kleine Intrusionen von Granitoiden	Au-Vererzung
Spilit-porphyrische Gruppe	nicht beobachtet	Hg-Sb-Vererzung
Diabas-Albitophyr-Gruppe (Antiklinorien)	kleine Intrusionen gabbro-granitoider Zusammensetzung	Cu-, polymetallische Vererzung
„Terrigene" Geosynklinalen:		
zentrale Einsenkungen	kleine Intrusionen ultrasaurer und saurer Zusammensetzung	Kassiterit-Ferberit-Molybdänit-Au-Chalcedon-Vererzung
geantiklinale Erhebungen	kleine Intrusionen von Lamprophyren und Albitophyren	polymetallische Vererzung
Geantiklinalen aller Gruppen	kleine Intrusionen subalkalischer Granitoide	Ferberit-Antimonit-Zinnober-Realgar-Vererzung
Vorsenken, junge Bruchzonen usw.	nicht beobachtet	Hg-Lagerstätten, Pb-Zn-Vererzung in Karbonatgesteinen, Cu-führende Sandsteine

Manche bringen diese Paragenese in unmittelbaren Zusammenhang mit effusivem Vulkanismus (M. A. KASCHKAI 1956), andere weisen auf den möglichen Zusammenhang gewisser Kieslagerstätten mit exhalativ-sedimentären Bildungen hin (H. BORCHERT 1957, W. I. SMIRNOW & T. J. GONTSCHAROW 1960) oder auf den Zusammenhang der Kiesvererzung mit dem effusiven Vulkanismus im weitesten Sinne, insbesondere mit subvulkanischen Bildungen (I. G. MAGAKJAN 1959). Die kieshaltigen Zonen kommen in zwei bis drei Etagen vor. Sie entstehen wahrscheinlich bei der Zergliederung großer Antiklinalen, die sich im vorangehenden geologischen Entwicklungszyklus gebildet hatten, aber durch allmähliche Versenkung eines großen Teils des früher konsolidierten Fundaments aufgeschmolzen wurden.

Für „terrigene" Geosynklinalen und Mittelmassive sind die Lagerstätten des ersten Typs nicht charakteristisch.

Im zweiten Stadium hat der Magmatismus seine größte Entwicklung in den zentralen Verbiegungen der „terrigenen" Geosynklinalen („granitoide" Geosynklinalen), z. B. östliches Transbaikalien, Nordosten der Sowjetunion, Tienschan, Sichote-Alin und Zentralkasachstan. Typisch sind saure K-Granite und ultrasaure Granitbatholithe, mit denen eine pegmatitische und hydrothermale Vererzung verbunden ist. In den „vulkanogenen" Geosynklinalen tritt eine Konsolidation ein. Der Magmatismus äußert sich in Plagiograniten geringer Ausmaße, die sich auf normal-intrusivem Wege bildeten und nur selten Spuren einer Granitisierung zeigen (Ural). Fe- und Mn-Skarnlagerstätten und manchmal hoch- bis mittelthermale hydrothermale Sulfid-, Gold- und Baryt-Ganglagerstätten sind charakteristisch.

Die Geantiklinalen des „vereinigten" Typs zeigen schwach saure Granitoide und hydrothermale Molybdänit-, Arsenopyrit-Lagerstätten und Kassiterit-Pegmatite mit seltenen Elementen. Zu diesem Typ gehören die Haupterhebung des Großen Kaukasus, der Ostural und der Bergtaimyr.

Die Geantiklinalen vom Resttyp treten nach der Zergliederung der Geantiklinalen auf. Hier hängen mit sauren Graniten kontaktmetasomatische Magnetit-, hydrothermale Cu-Mo-Lagerstätten und W- und polymetallische Gangvorkommen zusammen (innerdinarisches Südosteuropa).

Im dritten Stadium äußert sich der Magmatismus in Form von Gängen, schichtartigen Lagern, Sills, Lakkolithen und Stöcken. Er hängt nicht unmittelbar mit den Granitbatholithen, sondern mit dem effusiven Vulkanismus zusammen. Der Autor betont, daß er keine erschöpfende Charakteristik geben kann, sondern sich „auf gewisse charakteristische Erzformen, die sich unter den Bedingungen des Überganges der Geosynklinale zur Tafel bilden", beschränkt.

Die Hyperbasitgruppe wurde nach der Konsolidation in ein ausgedehntes Synklinorium mit intensiv dislozierten Gesteinen umgebildet, in die kleine Intrusionen von Granitoiden mit Au-Vererzung eindrangen (Sewan — Kurdistaner Zone im Kleinen Kaukasus). Diese Synklinorien werden oft durch größere Bruchstörungen unterbrochen, an denen Hg-Lagerstätten (SE-Altai) auftreten, bei denen kein deutlicher Zusammenhang mit dem Magmatismus nachzuweisen war.

Die Diabas-Albitophyr-Gruppe wurde nach der Konsolidation zu einem Antiklinorium umgewandelt, das einen komplizierten Faltenbau zeigt (Großer und Kleiner Kaukasus). Die Dislokation ist weniger intensiv. Die endogene Mineralisation besteht entweder aus Kieslagerstätten (Erzaltai) oder polymetallischen Lagerstätten (Pribolensker Gebiet im Kleinen Kaukasus).

Die Verbiegungen der „terrigenen" Geosynklinalen verwandelten sich nach der Konsolidation in Antiklinorien und

Zeitschrift für angewandte Geologie, Bd. 10 (1964) H. 1

wurden später durch Bruchzonen zerstückelt. Vielfach leben die Brüche nur wieder neu auf. Hier findet sich eine Vererzung, die dem zweiten Typ ähnlich ist.

Die geantiklinalen Erhebungen der „terrigenen" Geosynklinalen zeigen hauptsächlich eine polymetallische Vererzung. Kontrollierender Faktor sind dabei Bruchzonen, die mitunter im Kern der Antiklinalstruktur zu finden sind (Osttransbaikalien, SE-Europa).

Für diesen Typ sind Hg-Lagerstätten kennzeichnend, die sich im Endstadium der Entwicklung mobiler Zonen und mitunter schon unter Tafelbedingungen bilden. Im allgemeinen sind diese Lagerstätten an große, jüngere Bruchzonen gebunden. Die Lagerstättenfelder können sehr groß sein. Die Hg-Zone, die von Abchasien bis nach Dagestan das Antiklinorium der Haupterhebung des Kaukasus schräg durchschneidet, ist 600 km lang.

Metallogenetische Zyklen und Geochronologie des Präkambriums[1]

N. P. SEMENENKO, Moskau

Der Erfolg bei der Untersuchung der geologischen Geschichte präkambrischer Gebiete ist weitgehend abhängig von der Entwicklung von Methoden der absoluten Altersbestimmung geologischer Formationen. Die Anwendung dieser Methoden führte aber auch zu einer Umdeutung der Metallogenie einiger präkambrischer Gebiete. So erklärte man z. B. die Entstehung des Erzgebietes Petschenga auf der Halbinsel Kola bisher durch eine kaledonische metallogenetische Überprägung der präkambrischen Strukturen. Heute ist jedoch sicher nachgewiesen, daß das Alter dieser Vererzung 1800 bis 1900 Mill. Jahre beträgt, d. h., die Vererzung ist, wie auch die Kieslagerstätten, karelischen Alters. In karbonatisierten Serpentiniten des Präkambriums von Marokko entstanden die Kobaltlagerstätten von Bou Azzer als Ergebnis der Überlagerung einer variscischen Mineralisation. In präkambrischen Gebieten müssen daher in Verbindung mit den metallogenetischen Untersuchungen absolute Altersbestimmungen der geologischen Formationen und der darin enthaltenen Erzlagerstätten durchgeführt werden.

Die Bildungsgeschichte der Erdkruste während des Präkambriums umfaßt den großen Zeitabschnitt zwischen 530—570 und 3500 Mill. Jahren. Die Kommission zur absoluten Altersbestimmung geologischer Formationen der UdSSR hat 1960 die wichtigsten Grenzen des Präkambriums im Sinne von Megazyklen bestätigt. Die Untergrenze des Kambriums bzw. die Obergrenze des Präkambriums IV (Ripheikums) liegt bei 570 Mill. Jahren. Die unteren Altersgrenzen der präkambrischen Megazyklen sind folgende:

Präkambrium IV (Ripheikum)	1100—1200 Mill. Jahre
Präkambrium III (Proterozoikum)	1800—1900 „ „
Präkambrium II (Archäikum)	2600—2700 „ „
Präkambrium I (Katarchäikum)	3400—3500 „ „

Innerhalb der großen Megazyklen, die die Hauptgrenzen der geologischen Geschichte der Erde darstellen, lassen sich Zyklen bestimmter Sedimentation, Faltung, Magmatismus und Erzmineralisation ausscheiden, die in ihrem Umfang dem kaledonischen, variscischen, kimmerischen und alpidischen Zyklus des letzten postripheischen Megazyklus entsprechen.

In dem vom Verfasser vorgeschlagenen Gliederungsschema des Präkambriums werden folgende metallogenetische Mineralisations- und Faltungszyklen ausgeschieden:

[1]) Aus: Die Metallogenie des Präkambriums. — Sowjetskaja geologija, 1962, 2, S. 57—60, Moskau 1962. — Übers.: H.-J. TESCHKE

Erster präkambrischer Megazyklus = Katarchäikum

Im ersten präkambrischen Megazyklus lassen sich zwei Zyklen unterscheiden: Der erste katarchäische Zyklus liegt zwischen 3000—3500 Mill. Jahren, der zweite zwischen 2700—3000 Mill. Jahren. Mit ihm hängt die Bildung der Eisenerzlagerstätten vom Typ der Eisenquarzite von Sierra Leone (Westafrika) zusammen. Ihr Alter ist nach Monazit mit 2930 Mill. Jahren ermittelt worden; bekannt ist aber auch ein Blei-Alter aus Südrhodesien mit 2730—3050 Mill. Jahren.

Zweiter präkambrischer Megazyklus = Archäikum

Im zweiten präkambrischen Megazyklus lassen sich drei Zyklen ausscheiden.

Der erste archäische Zyklus (Präkambrium II_1) liegt zwischen 2300—2700 Mill. Jahren. Mit ihm sind verknüpft die Olenogorsker Eisenlagerstätten vom Typ der Jaspilit-Formation der Halbinsel Kola (2400 bis 2560 Mill. Jahre), die Eisenerzlagerstätten der Jaspilit-Formation der Keewatin-Serie Kanadas (2600 Mill. Jahre) sowie die Pegmatitlagerstätten vom Typ der seltenen Metalle mit Beryllium, Lithium, Tantal und Zinn, mit Seltenen Erden, Thorium und Uran in der Manitoba- und Keewatin-Serie (2600 Mill. Jahre); pegmatitische Lagerstätten seltener Metalle mit Beryllium, Lithium, Tantal und Zinn, zugeordnet den Granitintrusionen von Schamwajan (2650 Mill. Jahre), sind im nördlichen Kongo (Kalundwe-Formation) und in Zentralafrika bekannt; Graphitlagerstätten des Graphit-Systems auf Madagaskar (2400—2600 Mill. Jahre); Eisenlagerstätten der Jaspilit-Formation in der mittleren Folge des Dharwar-Komplexes von Maissura in Indien (2300—2450 Mill. Jahre); Erzgänge von Tschitaldrug (Alter nach Blei 2450 Mill. Jahre ± 130 Mill. Jahre); Manganlagerstätten von Nagpur, Balachat u. a. der Gondit-Formation; Bihar-Glimmerzone mit Pegmatitlagerstätten (Indien), dem Dharwar-System zugeordnet.

Der zweite archäische Zyklus (Präkambrium II_2) liegt zwischen 2100—2250 Mill. Jahren. Mit diesem metallogenetischen Zyklus hängen zusammen: die Manganlagerstätten von Nsuta und anderer Mangan-Kieselformationen des Birim-Systems in Westafrika (2190 Mill. Jahre); der in Südafrika ausgeschiedene Limpopo-Zyklus (2000—2300 Mill. Jahre) und die Rusisi-Gruppe im Kongo (2270 Mill. Jahre); die hydrothermalen Gold- und Bleilagerstätten in der Yellow-Knife-Provinz des Kanadischen Schildes (2200—2400 Mill. Jahre); die podolische Lagerstättengruppe auf dem Ukrainischen Schild (2100—2250 Mill. Jahre).

Der dritte archäische Zyklus (Präkambrium II_3) liegt zwischen 1900—2050 Mill. Jahren. Es gehören dazu: die Chromitvererzung in den Ultrabasiten des Südlichen Bugs und die Mineralisierung der Charnockit-Formation der Bug-Gruppe auf dem Ukrainischen Schild (1900—2050 Mill. Jahre); die Uran-Gold-Lagerstätten des Witwatersrand (Afrika) in metamorphosierten Konglomeraten (2000 Mill. Jahre); der Kupferkies-Lagerstättentyp in der Schelefte-Formation Nordschwedens (2000 Mill. Jahre), wahrscheinlich ein Analogon der Weißmeer-Serie; die Pegmatit- und Glimmerlagerstätten der Weißmeer-Serie des Baltischen Schildes (1900 Mill. Jahre).

Dritter präkambrischer Megazyklus = Proterozoikum

Im dritten präkambrischen Megazyklus lassen sich vier Zyklen ausscheiden.

Der erste proterozoische Zyklus (Präkambrium III_1) liegt zwischen 1700—1900 Mill. Jahren. Mit diesem Zyklus hängen zusammen: die Eisenerzlagerstätten der jaspilitischen Schiefer-Vulkanit-Formation der Kriwoi Rog-Lagerstättengruppe des Ukrainischen Schildes und der Kursker Magnetanomalie auf der Russischen Tafel (1700—1900 Mill. Jahre); die Jaspilit-Formation der karelischen und svekofennidischen Lagerstättengruppe des Baltischen Schildes (1850 Mill. Jahre); die Kupferkieslagerstätte von Parandowo der karelischen Gruppe; der Kupfer-Nickel-Lagerstättentyp von Petschenga und Lowosero (1920 Mill. Jahre). Alle diese Erzformationen sind der Faltenzone Karelien—Kursk—Kriwoi-Rog der Russischen Tafel sowie des Baltischen und Ukrainischen Schildes zugeordnet. Zum gleichen Zyklus gehören: der Kupferkies-Lagerstättentyp mit Blei und Zink der Leptitformation Mittelschwedens; die Anschan-Eisenerzlagerstätten in der Jaspilit-Formation Chinas (1850 Mill. Jahre); die hydrothermalen Uranlagerstätten von Atabaska auf dem Kanadischen Schild (1800—1900 Mill. Jahre); das Uganda-System des Afrikanischen Schildes (1825—1890 Mill. Jahre); die Pegmatite mit Muskovit aus dem Präkambrium I des Anti-Atlas, Marokko (1650—1850 Mill. Jahre); die Granite von Post-Wogiburg auf Madagaskar.

Der zweite proterozoische Zyklus (Präkambrium III_2) liegt zwischen 1500—1700 (1650) Mill. Jahren. Zu diesem Zyklus gehören: das Cuddapah-System der Ost-Ghaty-Provinz Indiens (1570—1630 Mill. Jahre) mit Baryt-, Blei-, Kobalt- und Nickellagerstätten; die Werbljud- und Bokowjan-Granite, die wolhynischen Gneise mit Pegmatitlagerstätten (1500—1700 Mill. Jahre) sowie die titanführenden Gabbros des Uschomir-Massivs auf dem Ukrainischen Schild; die untergotische Folge Schwedens (1560 Mill. Jahre); die Oka-Folge des Baikal-Sajan-Bogens der Sibirischen Tafel (1500 bis 1650 Mill. Jahre).

Der dritte proterozoische Zyklus (Präkambrium III_3) liegt zwischen 1300—1500 Mill. Jahren. Zu diesem Zyklus gehören: die Columbit-, Zinnstein- und Cyrtolith-Mineralisation der Owrutsch-Gruppe (Alter 1300 bis 1500 Mill. Jahre); die Minerallagerstätten der gotischen Gruppe Schwedens (1390—1460 Mill. Jahre); die hydrothermalen Uranlagerstätten der sog. Five-metal-groupe im Gebiet des Großen Bärensees, Kanada (1400 Mill. Jahre); die Burundi-Gruppe (1350 Mill. Jahre) und die Kibara-Gruppe (1200—1400 Mill. Jahre) in Afrika; die Pegmatitlagerstätten mit Beryllium und Muskovit des Gebietes Tasenach im Anti-Atlas, Marokko (1270 Mill. Jahre); die Daldarma-Folge des Baikal-Sajan-Bogens der Sibirischen Tafel (1380 Mill. Jahre).

Der vierte proterozoische Zyklus (Präkambrium III_4) liegt zwischen 1150 (1200)—1300 Mill. Jahren. Zu diesem Zyklus gehören: die Uranlagerstätten mit Kupfer, Blei und Kobalt von Rum Jungle u. a. in Australien (1200 Mill. Jahre); die präkambrische Jurmata-Serie des Urals mit Sideritvererzungen in der Komarow-Sigasino-Folge, deren Alter nach der Awsjan-Folge (1263 Mill. Jahre) bestimmt wird; die titanführenden Gabbro-Labradoritmassive und Pegmatitlagerstätten des Korosten-Plutons auf dem Ukrainischen Schild, die Zirkon-Pyrochlor-Vererzung in den Mariopoliten des Asow-Alkalimassivs auf dem Ukrainischen Schild.

Vierter präkambrischer Megazyklus = Ripheikum

Der vierte präkambrische Megazyklus läßt sich in vier Zyklen gliedern.

Der erste ripheische Zyklus (Präkambrium IV_1) liegt zwischen 940—1100 (1200) Mill. Jahren. Es gehören dazu: die Nickel-Blei-Lagerstätten des Sudbury-Lopoliths und die hydrothermalen Kobalt-Silber-Lagerstätten des Kupfer-Nickel-Kobalt-Silber-Gebietes von Keweenaw in der Greenville-Provinz Kanadas (800—1100 Mill. Jahre); die monazitführenden Pegmatite und Granite der Staaten Espirito Santo und Minas Geraes in Brasilien (1000—1100 Mill. Jahre), des Ausgangsgebiets für große Seifen im atlantischen Küstengebiet; die Uranite von Gordoni (1025 Mill. Jahre) und das Transvaal-System in Südafrika (840—1200 Mill. Jahre), das Lulua-System im Kongo (1070 Mill. Jahre); die Polymetall-Lagerstätten von Broken Hill in Australien (1100 Mill. Jahre); die Tschuja-Folge (1035 bis 1100 Mill. Jahre) des Baikalbogens; die Pogorjui-Folge der Angara-Pit-Serie (1100 Mill. Jahre) des Jenissei-Gebirges und wahrscheinlich die Polymetall-Lagerstätte Gorew u. a. im Flußgebiet der Angara und des Bolschoi Pit, die aber möglicherweise bereits einem jüngeren Zyklus des Ripheikums angehören; zur Mineralisierung des ersten ripheischen Zyklus gehören auch die Dalasland-Folge in Schweden, die Kleewit-Arendala-Folge Südnorwegens sowie Goldlagerstätten in Australien.

Der zweite ripheische Zyklus (Präkambrium IV_2) liegt zwischen 800—940 Mill. Jahren. Zu diesem Zyklus gehören die Eisenerzlagerstätten der Jaspilit-Formation und die metamorphen Ganglagerstätten des Satpur-Systems in Indien (880—950 Mill. Jahre); die Lagerstätten Seltener Erden im Karbonatgebiet von San Bernardino in Kalifornien (950 Mill. Jahre); die Bröggerite von Mjös, Norwegen (850—905 Mill. Jahre) sowie die Almasokr- und Vising-Formation Schwedens (880 Mill. Jahre).

Der dritte ripheische Zyklus (Präkambrium IV_3) liegt zwischen 620—800 Mill. Jahren. Hierher gehören: die Delhi-Zone der Indischen Tafel, deren Alter nach einem Pegmatit mit 735 Mill. Jahren bestimmt wurde und die das Vindhya-System mit den Diamantlagerstätten umfaßt; die Eudyalite und Lepidolithe in den Pegmatiten von Ichtami-Sachatani auf Madágaskar

(650—700 Mill. Jahre); die Huron-Strukturen und -Intrusionen in Kanada (vermutlich 760 Mill. Jahre); die Mama-Serie des Baikal-Bogens (670—760 Mill. Jahre) mit später aufgeprägten Glimmerlagerstätten (300—460 Mill. Jahre).

Der vierte ripheische Zyklus (Präkambrium IV_4) liegt zwischen 540—620 Mill. Jahren. Zu diesem abschließenden ripheischen Zyklus, der bereits die Grenze des Überganges zum kaledonischen Zyklus darstellt, gehören: die Uran- und Kupferlagerstätten sowie die Lagerstätten der Erzzone von Katanga und Nordrhodesien (600—630 Mill. Jahre), das Damara-System und die Mozambique-Zone Afrikas (490—650 Mill. Jahre); die Pinoqui-Faltung und die Lopolithintrusionen der Wichita-Mountains in Kanada (560—590 Mill. Jahre); die Sulfid-Gold-Vererzung in den Schiefern der Bodaibo-Serie des Baikal-Bogens (550 Mill. Jahre); das Rachow-Massiv der Karpaten (580—630 Mill. Jahre) mit Polymetall-Erzanzeichen, deren Alter noch nicht näher präzisiert ist; die Manganlagerstätten in den präkambrischen Rhyolithen des Anti-Atlas, Marokko (600 Mill. Jahre).

Im Verlaufe von drei Milliarden Jahren lassen sich mindestens dreizehn Bildungszyklen von Mobilzonen und Faltensystemen ausscheiden, in denen große Mineralvorräte angehäuft wurden. Daraus werden die hohen Förderanteile der präkambrischen Bildungen verständlich: Gold, Eisen, Platin und Titan 75%; Nickel und Kobalt 90%, Uran 80—90%, Thorium fast 100%, Mangan 30%, Aluminium 50%, Chrom 30%, Kupfer 25%, ein beträchtlicher Teil der Seltenen Erden, von Niob und Tantal, Zirkon, Lithium und Beryllium, Glimmer und Asbest; geringere Bedeutung hat die Förderung von Zink, Blei und Silber.

Die Ableitung von Gesetzmäßigkeiten in dem wechselnden metallogenetischen Charakter von den alten zu den jüngeren Zyklen ist wohl noch verfrüht; vielmehr muß gegenwärtig Material zur Ausscheidung von Zyklen, über ihre Verbreitung und über die Ähnlichkeit der Gesetzmäßigkeiten in der Entwicklung von Mobilzonen gesammelt werden.

Literatur

Fragen der Methodik bei der Zusammenstellung metallogenetischer Karten und Prognosekarten. — Vorträge der 2. vereinigten Allunionstagung über Gesetzmäßigkeiten in der Verteilung nutzbarer Bodenschätze und über Prognosekarten, Verl. Akad. Wiss. Ukrain. SSR, 1960.

Gesetzmäßigkeiten in der Verteilung von Lagerstätten nutzbarer Bodenschätze im Tafeldeckgebirge. — Vorträge der 2. vereinigten Allunionstagung über Gesetzmäßigkeiten in der Verteilung nutzbarer Bodenschätze und über Prognosekarten, Verl. Akad. Wiss. Ukrain. SSR, 1960.

Gesetzmäßigkeiten in der Verteilung von Lagerstätten nutzbarer Bodenschätze. — Vorträge der 2. vereinigten Allunionskonferenz über Gesetzmäßigkeiten in der Verteilung nutzbarer Bodenschätze und über Prognosekarten, Verl. Akad. Wiss. Ukrain. SSR, 1960.

Metallogenie der präkambrischen Schilde und alten Mobilzonen. — Vorträge der 2. vereinigten Allunionskonferenz über Gesetzmäßigkeiten in der Verteilung nutzbarer Bodenschätze und über Prognosekarten; Verl. Akad. Wiss. Ukrain. SSR, 1960.

MAGAKJAN, I. G.: Die Grundlagen der Metallogenie von Festländern. — Verl. Akad. Wiss. Armen. SSR, 1959.

SEMENENKO, N. P.: Die Geochronologie in der absoluten Zeitrechnung und Fragen der geologischen Geschichte. Präkambrium. — Tr. VII sessii Komissii po opredeleniju absoljutnogo wosrasta geologi tscheskich formazii, 1960.

Geochemische Untersuchungen an Kernstrecken des Muschelkalks und Röts der Bohrung Zeilfeld[1]

WOLFGANG KÜHN, Jena

(Mitteilung aus dem VEB Geologische Erkundung West, Halle)

Einführung

Entsprechend ihrer steigenden Bedeutung findet die Geochemie in zunehmendem Maße in der angewandten Geologie Eingang. Die Vielzahl der zu den verschiedensten geologischen Zwecken niedergebrachten Bohrungen schafft die besten Voraussetzungen für umfassende geochemische Arbeiten mit dem Ziel, den Spurenelementhaushalt einzelner stratigraphischer Einheiten zu bestimmen. Für die germanische Trias des Thüringer Raums wurden als erster Schritt in dieser Richtung die Muschelkalk- und Rötkernstrecken der Kartierungsbohrung Zeilfeld 1/61 zunächst übersichtsmäßig auf 22 Elemente untersucht. Nach Ergänzung des Profils durch Proben aus dem Keuper und Buntsandstein und Erweiterung in regionaler Hinsicht dürften einige genau zu bestimmende Indikatorelemente zur Charakterisierung fazieller und stratigraphischer Komplexe und als Anzeiger eventueller Lagerstättenhöffigkeit Bedeutung erlangen[2]).

Geographisch-geologischer Abriß

Der Kreis Hildburghausen bildet die Südwestecke des Bezirkes Suhl. Die geologische Situation des Gebiets wird durch die Lage in der Thüringisch-Fränkischen Triasmulde südwestlich der Themar—Eisfelder Störungszone bestimmt. Über das durch die Zuflüsse der Werra und Rodach entwässerte wellige Plateau erheben sich längs rheinisch streichender Linien aufgedrungene Basalt- und Phonolithstöcke jungtertiären Alters. Hierzu gehören vor allem die beiden Gleichberge.

Der Ansatzpunkt der 500 m tiefen Kartierungsbohrung Zeilfeld 1/61 lag an der Chaussee Hildburghausen—Römhild, 1 km westlich der Gemeinde Zeilfeld. Sie lieferte, abgesehen von Kernverlusten, ein lückenloses Muschelkalk-Röt-Profil, daneben Teilprofilstrecken aus dem Unteren Keuper und Mittleren Buntsandstein.

Untersuchungsmethodik

Die geochemische Bearbeitung erstreckte sich auf 383 Schlitzproben aus dem Muschelkalk und Röt sowie zwei Vergleichsproben aus dem Kohlenkeuper. Die Aufbereitung des Analysenmaterials erfolgte im Institut für Angewandte Mineralogie in Dresden.

Probenahme und Aufbereitung

Die Kernstrecken gelangten insgesamt zur Verarbeitung. Sie wurden zunächst in 1-m-Teillängen unterteilt, wobei gegebenenfalls lineare Streckungen oder

[1]) Eingang des Manuskripts in der Redaktion: 30. 8. 1963.

[2]) Dem Bearbeiter des Objekts, Koll. Dr. SEIDEL, möchte ich an dieser Stelle für die geologische Einführung danken.

Ergänzungen aus dem Hangenden des folgenden Kernmarsches erforderlich waren. Jede 1-m-Probenlänge durchlief zuerst einen groben Brecher. Etwa 0,5 kg Material wurde mittels Walzen auf Mittelsandgröße weiter zerkleinert und auf ca. 100 g heruntergeviertelt. Die Vermahlung auf Analysenfeinheit (0,09 mm) erfolgte in Kugelmühlen.

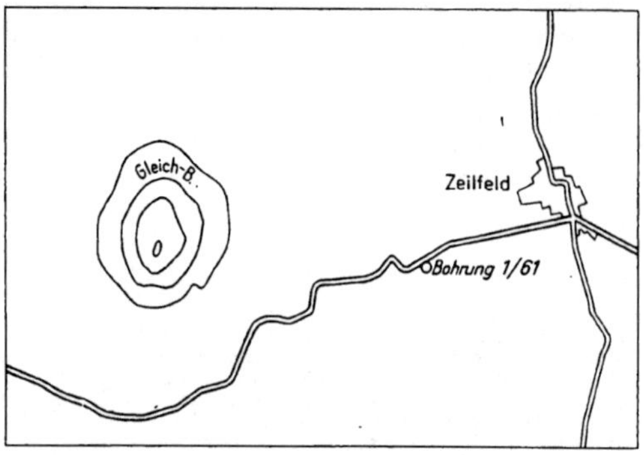

Abb. 1. Standort der Bohrung Zeilfeld 1/61

Spektralanalytische Aufnahme und Auswertung

Zur spektralanalytischen Aufnahme stand ein Quarzspektrograph Q 24 (VEB Carl Zeiss, Jena) zur Verfügung. Als Elektroden dienten angespitzte, mit einer 4 mm tiefen Vorbohrung versehene, ungepufferte T3-Kohlen vom VEB Elektrokohle, Berlin-Lichtenberg. Jede Probe und die Eichsubstanz wurden zweimal im kathodisch geschalteten Gleichstromdauerbogen bei Blende 1 mm, Spaltbreite 2,5 µ und Zwischenblende 5 verdampft und die Agfa-Spektralplatten blau extra hart 40 sec belichtet. Die photographische Entwicklung erfolgte mit Rodinal bei 18° C ca. 3 Minuten mit anschließendem 20minutigem Fixieren, Wässern und Trocknen.

Unter Beachtung der in den T3-Kohlen enthaltenen Verunreinigungen ergab die Auswertung auf dem Zeiss-Projektor eine erste qualitative Übersicht über die auftretenden Elemente. Zur halbquantitativen Bestimmung des Gehalts wurden die relativen Schwärzungsintensitäten mit dem Zeiss-Schnellphotometer bei Spaltbreite 10 µ und -länge 20 mm gemessen. Eine synthetische Eichmischung von der Zusammensetzung eines Tonmergels, der die wichtigsten Elemente in Konzentrationsabstufungen 1:3 zugemischt wurden, diente als Vergleich. Jedem Eichwert der Schwärzungskurve (s. Tab. 1) liegen 5 Doppelbestimmungen zugrunde.

Tab. 1. Zusammensetzung der Eichsubstanz

SiO_2	53,57%	CaO	3,00%
Al_2O_3	26,83%	MgO	1,72%
Fe_2O_3	7,13%	K_2O	1,21%
CO_2	5,49%	Na_2O	1,05%

Zur Auswertung gelangten folgende Elemente:

Cu	λ = 3273,96 Å	3000 R
Ag	λ = 3280,68 Å	2000 R
Be	λ = 2348,61 Å	200 R
Ba	λ = 4554,04 Å	1000 R
	λ = 2335,27 Å	60 R
Sr	λ = 4077,71 Å	400 R
	λ = 2369,47 Å	25 R
Zn	λ = 3345,02 Å	800 R
	λ = 3282,33 Å	500 R
Cd	λ = 2288,02 Å	1500 R
Hg	λ = 2536,52 Å	2000 R
B	λ = 2497,73 Å	500
	λ = 2496,78 Å	300
Ge	λ = 3039,06 Å	1000 R
Sn	λ = 3175,02 Å	500 R
	λ = 2839,99 Å	300 R
Pb	λ = 2833,07 Å	500 R
Ti	λ = 3349,40 Å	100 R
	λ = 3371,45 Å	100 R
Zr	λ = 3391,98 Å	300
As	λ = 2349,8 Å	250 R
Sb	λ = 2598,06 Å	200
Bi	λ = 2897,96 Å	500 R
V	λ = 3183,4 Å	400 R
	λ = 3185,4 Å	500 R
Mo	λ = 2816,15 Å	100 R
Mn	λ = 2801,06 Å	600 R
Co	λ = 3405,12 Å	2000 R
Ni	λ = 3414,77 Å	1000 R

Abschätzung der Analysengenauigkeit

a) Die vorliegenden Analysenergebnisse tragen den Charakter von Richtwerten, da die synthetische Eichsubstanz nur ungefähr der chemischen Zusammensetzung und dem Bindungscharakter des Probenmaterials entspricht. Die Arbeiten W. v. ENGELHARDTs (1936) zeigten den Einfluß des $CaCO_3:SiO_2$-Verhältnisses auf den Siedeablauf bei den Erdalkalien. Für genauere Bestimmungen müßte für jeden Gesteinstyp eine besondere Eichkurve aufgestellt werden.

b) Verunreinigungen der Spektralkohlen beeinträchtigen vor allem bei B, Cu und Ti die Genauigkeit der niedrigen Werte. Während bei Cu und Ti kaum derartige geringe Gehalte zu verzeichnen waren, blieben bei B Intensitäten unter S = 18 unberücksichtigt.

c) Den Einfluß der Aufnahmebedingungen spiegeln die Schwärzungskurven der Elemente wider. Bei der Vielzahl zu berücksichtigender Komponenten ist es unter Anwendung einer Arbeitsvorschrift unmöglich, bei jedem Element im Bereich des steilen Anstiegs der Schwärzungskurve zwischen S = 0,8 — 1,5 zu bleiben. Deshalb sind z. B. Ba-Werte unter 0,01%, Sr-Werte über 0,3% und Pb-Gehalte unter 0,001% mit größeren Fehlern behaftet.

Nach der bekannten Formel von KAISER & SPECKER (1955) errechnete sich für Cu (λ = 3273,96 Å) in der Konzentrationsstufe 0,001% folgende Standardabweichung s:

$$s = \pm \sqrt{\frac{\Sigma d^2}{n}}$$

d — Abweichung vom Leitwert
n — Anzahl der Messungen

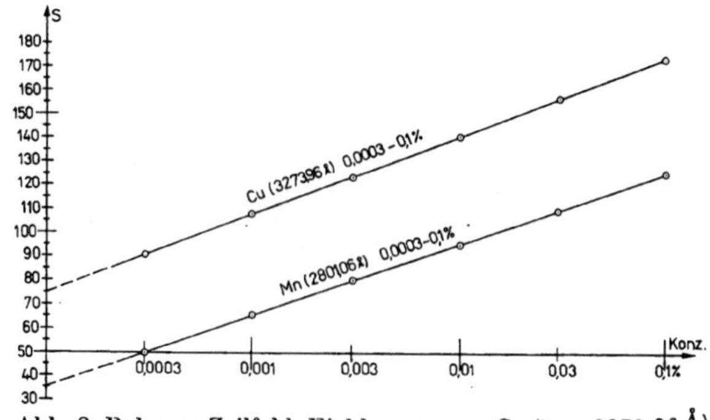

Abb. 2. Bohrung Zeilfeld, Eichkurven von Cu (λ = 3273,96 Å) 3000 R und Mn (λ = 2801,06 Å) 600 R

Aufnahmebedingung: Q 24 Kohlen T 3 ungep., Anr. 8 A, = Dauerb. kath., Bl. 1 mm, Sp. 2,5 µ, Zw.-Bl. 5; 40 sec bel., Platte blau extra hart; Photometer: Spaltlänge 20 mm, -breite 10 µ, Filterstufe 100

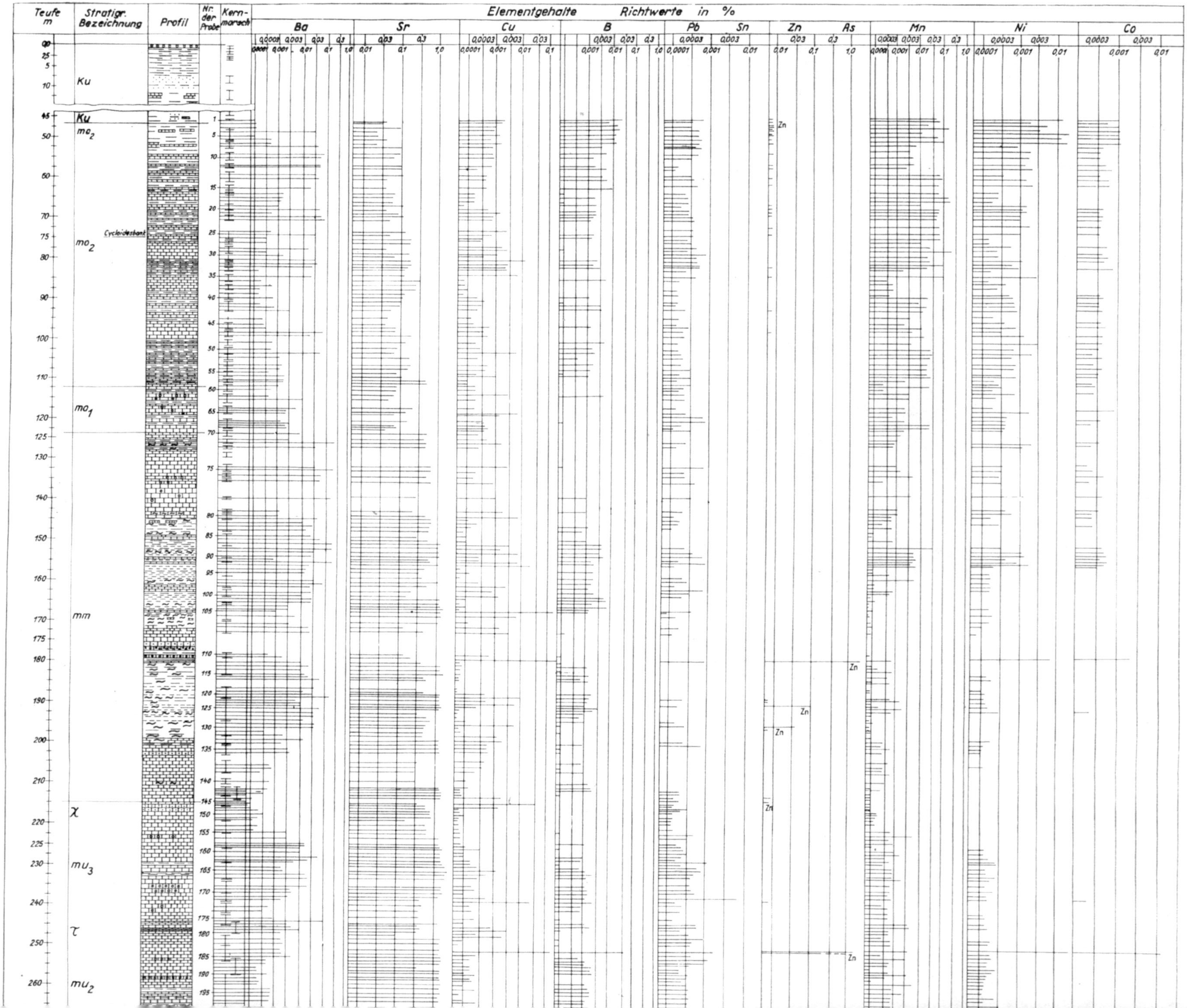
Teufe m
Stratigr. Bezeichnung
Profil
Nr. der Probe
Kern-marsch
Elementgehalte Richtwerte in %
Ba
Sr
Cu
B
Pb
Sn
Zn
As
Mn
Ni
Co
Ku
mo2
Cycloidesbank
mo1
mm
χ
mu3
τ
mu2

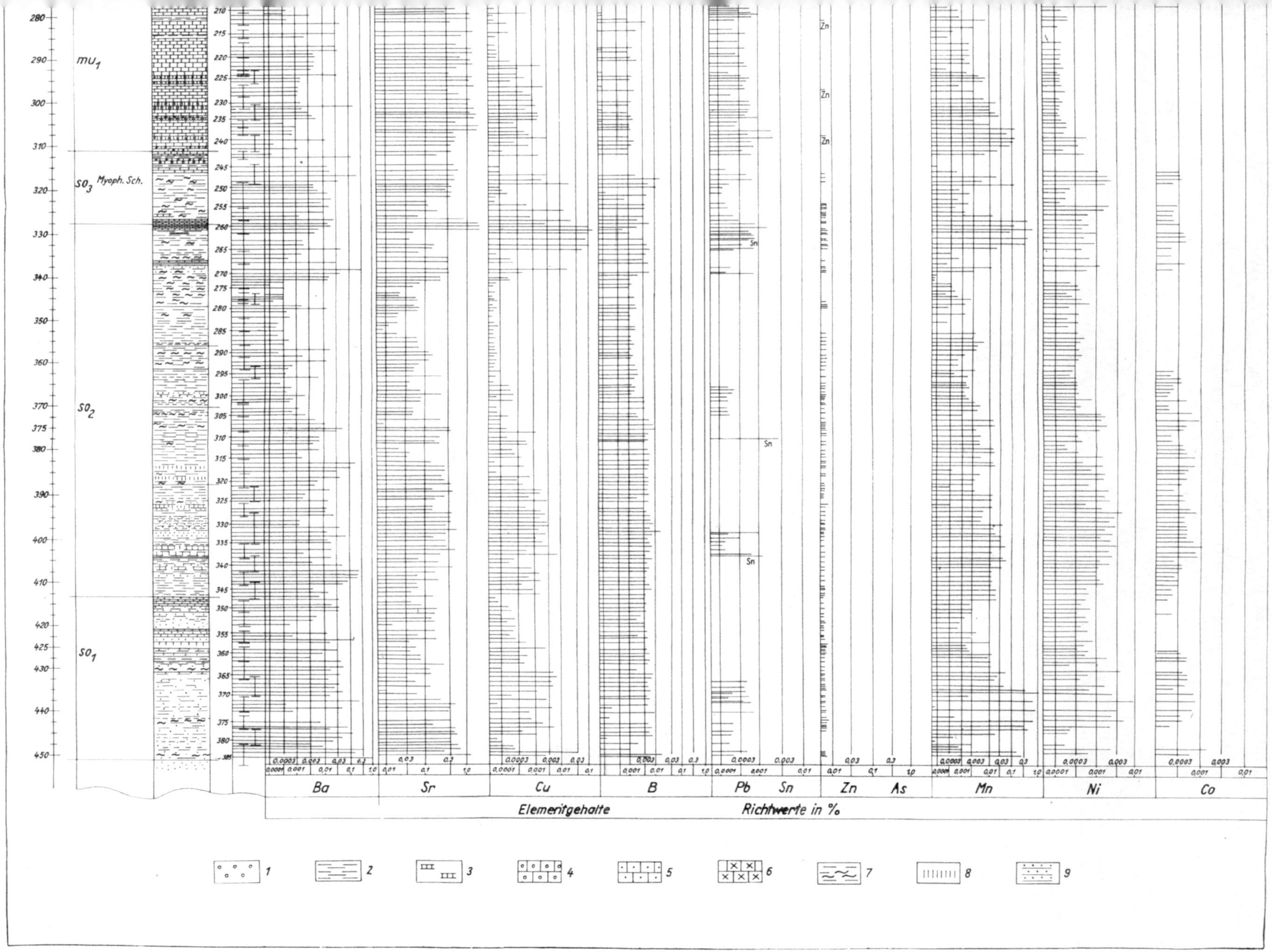

Abb. 3. Bohrung Zeilfeld (Krs. Hildburghausen), M 1 : 50

1. Petrogr. Beschaffenheit:

1 — Verwitterungsdecke, 2 — tonig-mergelige Fazies, 3 — Kalk-Dolomit, 4 — knauriger Dolomit, 5 — Schaumkalk, 6 — kristalliner Kalk, 7 — Anhydrit-Gips, 8 — Quarzitlagen, 9 — Sandstein bzw. Sandsteinlagen

2. Geochemische Daten:

I — Ba (λ = 4554, 1 Å); II — Sr (λ = 4077,7 Å); III — Cu (λ = 3273,96 Å); IV — B (λ = 2497,73 Å); V — Pb (λ = 2833,1 Å); VI — Sn (λ = 3175,0 Å); VII — Zn (λ = 3345,0 Å); VIII — As (λ = 2349,8 Å); IX — Mn (λ = 2801,1 Å); X — Ni (λ = 3414,8 Å); XI — Co (λ = 3405,1 Å)

Leitwert für 0,001%:107

Nr.	Wert	d	d²	Σd^2	s
1	135	+ 28	784		
2	110	+ 3	9		
3	70	− 37	1369		
4	114	+ 7	49		
5	112	+ 5	25	4390	± 19,99
6	105	+ 2	4		
7	127	+ 20	400		
8	70	− 37	1369		
9	102	− 5	25		
10	103	− 4	16		
11	125	+ 18	324		
12	111	+ 4	16		

s = ± 17,8% für Cu bei 0,001%
Nach den bisherigen Erfahrungen beträgt die mittlere Genauigkeit halbquantitativer Bestimmungen auf 10−20 Elemente ± 30%.

Der Spurenelementhaushalt im Muschelkalk und Röt Südwestthüringens

In den Muschelkalk- und Rötkernstrecken der Bohrung Zeilfeld konnten 13 Spurenelemente bestimmt werden, die zur Charakterisierung einzelner Horizonte beitragen. Als nicht oder nicht mit genügender Sicherheit nachgewiesen entfielen z. T. wegen zu niedriger Analysenempfindlichkeit die Elemente Ag, Be, Cd, Hg, Ge, Zr, Sb, Bi und Mo. Auf die spektralanalytische Bestimmung der Hauptkomponenten Ca, Mg, Fe sowie der Alkalien, Aluminium und SiO_2 wurde bewußt verzichtet.

Verteilung der Erdalkalien

Die Barium- und Strontiumgehalte bewegen sich im mo, mm, mu und so parallel (Abb. 3). Das gleiche gilt für die entsprechenden Horizonte der ca. 60 km nordwestlich in der Vorderrhön niedergebrachten Bohrung Geblar 1/62. Für den Jenaer Raum kamen F. HEIDE & W. CHRIST (1953) zu analogen Schlüssen. Das ist hinsichtlich der stratigraphischen Unterschiede, der Differenzen in der Analysenmethodik und den Abweichungen in der Probenahme beachtlich (in Jena und bei Geblar gelangten Punktproben zur Untersuchung).

Generell streuen die Ba-Gehalte sowohl im Muschelkalk als auch im Röt stärker als die Sr-Werte.

Im Oberen Muschelkalk (Abb. 4) ist das Sr ca. 3,5mal gegenüber Ba angereichert. Das deutlich ausgeprägte Maximum liegt für Sr bei 0,1%. Der Mittlere Muschelkalk und der Wellenkalk zeigen Sr-Extrema bei 1%, während die entsprechenden Werte für Barium drei Größenordnungen niedriger liegen.

Übereinstimmend mit den Profilen in Jena und Geblar kommt es im Röt zu einer relativen Ba-Anreicherung. Beide Elemente liefern symmetrische Verteilungskurven mit Maxima, die sich um eine Größenordnung unterscheiden.

Barium

Die niedrigsten Ba-Werte (ca. 0,0001%) zeigen die beiden Keuperproben. Die Ceratitenschichten oberhalb der *Cycloides*-Bank enthalten durchschnittlich 0,03%, während unterhalb derselben und im Trochitenkalk nur noch 0,003% zu verzeichnen sind. Die sulfatischen Partien des Mittleren Muschelkalks und die Tonlöser lieferten extreme Gehalte bis 0,1%. Im Verhältnis zu den Kalken sind Ba-Werte in den Dolomiten niedrig. Im Bereich des Wellenkalks ergibt sich analog den Ergebnissen von HEIDE & CHRIST (1953) ein Mittel von 0,001%. Die Schaumkalk- und die Oolithzone heben sich durch niedrige und die Terebratelzone durch hohe Werte heraus. Die erhöhten Bariumkonzentrationen in den Röttonen deuten auf den Transport des Bariums im Schweb hin. Bereits die Myophorientone bringen einen Anstieg der Werte (ca. 0,02%). Die Tendenz setzt sich im roten und grauen Röt, unterbrochen lediglich bei dolomitischen Einlagerungen, fort. Aus den sm-Proben der Bohrung Geblar läßt sich ein weiterer Anstieg auf 0,03−0,3% ableiten.

Strontium

Die beiden Proben vom Grenzbereich ku_1/mo_2 ergaben ein Mittel von 0,003%. Im Oberen Muschelkalk schwanken die Sr-Werte um 0,1%. Die Anhydrit- und Gipspartien des Mittleren Muschelkalks zeigen Extremgehalte um 1%. Die Kalke enthalten fast eine Zehnerpotenz weniger Sr als die Dolomite. Abweichend vom Wulstkalk bei Steudnitz (HEIDE & CHRIST 1953) wurden bei stärker salinarer Entwicklung des mm für Zeilfeld ca. 0,6% ermittelt. Aus dem Wellenkalk mit ausgesprochenen Höchstwerten um 1% heben sich durch niedrige Gehalte die Schaumkalk- und die Terebratelzone heraus. Die Myophorienschichten bringen nochmals einen Anstieg auf 1%. Im Röt unterhalb des *Vulgaris*-Dolomits gehen die Sr-Werte, abgesehen von den Gipshorizonten, auf 0,01 und 0,003% zurück. Das gleiche gilt bei Geblar für den Mittleren Buntsandstein.

Verteilung der Buntmetalle

Im vorliegenden Muschelkalk-Röt-Profil kommt von den Buntmetallen neben Kupfer vornehmlich Blei in meßbaren Konzentrationen vor. Die Zink- und Zinnwerte tragen sporadischen Charakter. Während Kupfergehalte über vier Größenordnungen streuen, beschränken sich die Pb-Werte auf das Intervall von 10^{-4} bis 10^{-3}%. Mit Ausnahme des unteren Wellenkalkes herrscht immer deutliche Kupfervormacht. Beide Verteilungskurven verlaufen, abgesehen vom mu, asymmetrisch (Abb. 4). Die Bleigehalte gehen auf Grund ähnlicher Ionenradien den Sr-Werten parallel, wie anhand erhöhter Werte im Wellenkalk und der geringen Sr-Pb-Konzentrationen im Röt erneut unterstrichen wurde.

Kupfer

Anreicherungen von Kupfer bis 0,3% finden sich, abgesehen von den sogenannten Malachitbänken im Röt (Mittel 0,03%), in den tonigen Partien des Mittleren Muschelkalks sowie im mo_2. Sie treten zumeist gekoppelt mit höheren Zink-, Blei-, Arsen-, Nickel- und Kobaltwerten auf.

Die beiden Keuperproben erbrachten 0,001%. Innerhalb der Ceratitenschichten und im Trochitenkalk liegen die Kupfergehalte ähnlich wie bei Jena (HEIDE & LERZ 1954/1955) zwischen 0,0003 und 0,001%. Im Mittleren Muschelkalk kommt es, dem Wechsel in der petrographischen Ausbildung entsprechend, zu Schwankungen der Kupfergehalte. Der Wellenkalk enthält, abgesehen vom mu_1, wo 0,003% zu verzeichnen sind, durchschnittlich 0,0003% Cu. Die hangenden Partien der Schaumkalk- und *Orbicularis*-Zonen heben sich durch höhere und die Terebratel- und Oolithzone durch niedrige Cu-Gehalte heraus. Im Gegensatz zur Bohrung Geblar und in Übereinstimmung mit Jena kommt es in der Myophorienplatte und oberhalb des *Vulgaris*-Dolomits zu extrem hohen Werten, die nach dem grauen Röt zu langsam abklingen, um im Mittleren Buntsandstein quasi auf Null abzusinken. Im allgemeinen liegen die Cu-Konzentrationen der Rötkernstrecken etwas unter den von HEIDE & LERZ (1954/1955) bestimmten, während im mu und mo gute Übereinstimmung herrscht.

Zink

Quantitative Aussagen sind erst bei Zinkwerten über 0,01% möglich. Im Übergangsbereich ku_1/mo_2 und den han-

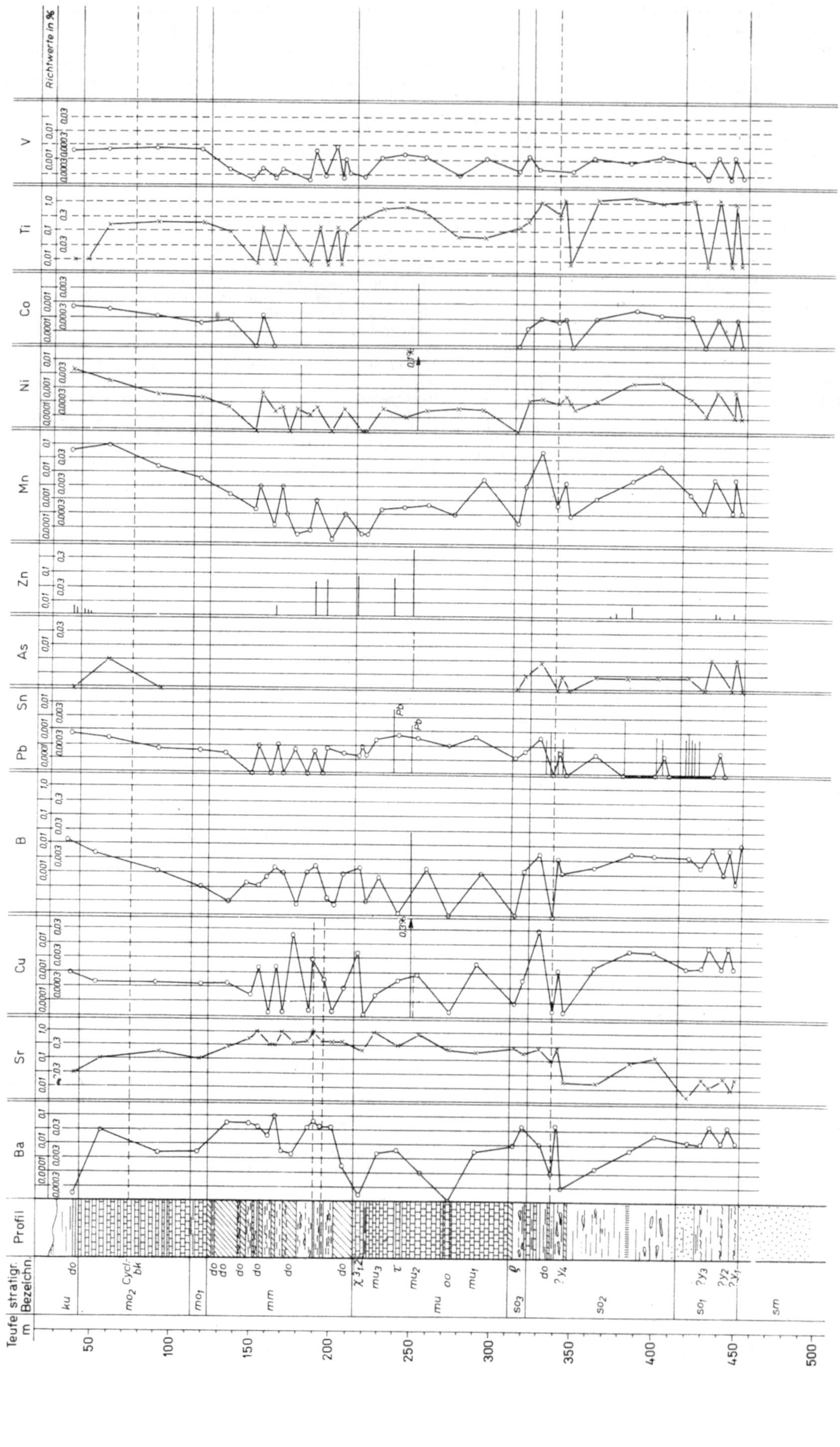

Abb. 4. Bohrung Zeilfeld, Verteilung der Elemente Ba, Sr, Cu, B, Pb, Zn, Sn sowie As, Mn, Ni und Co, Ti und V

Die gemittelten halbquantitativen Richtwerte der Elemente Ba, Sr, Cu, Pb, As, B, Mn, Ni, Co werden als Kurvenpunkte abgetragen. Lokal auftretende Maximalkonzentrationen sowie sporadisch auftretende Elemente (z. B. Zn, Sn) werden als Säulen dargestellt. Für die auf dem Zeiss-Projektor visuell ausgewerteten Metalle Ti und V sind die Konzentrationsabstufungen entsprechend ihrer mehr qualitativen Aussage durch unterbrochene Linien verdeutlicht.

genden Metern des mo_2 können niedrige, noch erfaßbare Zinkgehalte als Hinweis auf eine eventuell vorhandene Zinkblendebank aufgefaßt werden. Hohe Einzelwerte (von 0,01—1%) treten in den liegenden Partien des mm, gebunden an Tonlöser, im „Übergangsdolomit" sowie im Bereich der Terebratelzone zumeist mit extremen Cu- und Pb-Werten gekoppelt auf. Geringfügige Zinkwerte ergeben sich im roten und grauen Röt. In diesem stratigraphischen Niveau fanden Heide & Lerz (1954/1955) in Göschwitz 0,012 bzw. 0,007%. Der Muschelkalk in Steudnitz enthält, abgesehen vom Unteren Wellenkalk, wo 0,0013% zu verzeichnen sind, 0,0003 bis 0,0005%.

Diese Abweichungen gehen, möglicherweise von der unterschiedlichen geologischen Entwicklung abgesehen, auf Kosten der Probenahme, da die Schlitzprobe zur Verdünnung lokal auftretender Metallkonzentration beitragen kann.

Blei

Die Kalke weisen im allgemeinen höhere Pb-Konzentrationen auf als die Dolomite, da Pb-Ionen in das Calcitgitter eingebaut werden. Die Tongesteine des Röts sind relativ an Blei verarmt. Die Myophorienplatte enthält 0,0003 bis 0,001%. Im Wellenkalk, besonders im mu_1, steigen die Werte auf fast 0,005%. Die Schaumkalk- und die Oolithzone heben sich durch niedrigere und die Terebratelzone durch höhere Gehalte heraus. Die mittleren Pb-Werte liegen im mm wegen der Anhydrit- und Gipseinlagerungen weit unter 0,0003%, dem im Oberen Muschelkalk 0,0005% und an den Grenzen ku_1/mo_2 fast 0,001% gegenüberstehen.

Zinn

Übereinstimmend mit den entsprechenden Profilstrecken aus der Vorderrhön beschränken sich einzelne, im Röt sporadisch auftretende Werte auf den Bereich der Äquivalente des *Vulgaris*-Dolomits, des Doppelquarzits und des Plattensandsteins. Die spektralanalytische Nachweisgrenze des Zinns ist mit 0,001% relativ hoch.

Verteilung der Halbmetalle Bor und Arsen

Auf Grund der geochemischen Bedeutung des Bors wurde trotz der Verunreinigungen des Elektrodenmaterials nachträglich auch dieses Element ausgewertet. Vorversuche ergaben, daß unter den angegebenen Aufnahmebedingungen in den T3-Kohlen nicht mehr Bor verdampft, als dem Schwärzungswert s = 15 entspricht. Da für die Eichproben die gleichen Kohlen zur Verwendung kamen, dürfte sich der Fehler, zumal mit ± 30% Abweichung gerechnet werden muß, aufheben. Gehalte in Höhe des oder unter dem angegebenen Schwärzungswert entfielen.

Bor reichert sich im sedimentären Zyklus vornehmlich in Aschen und Tonen an [Harder (1959) Grauer Salzton (T3) von Volkenroda 0,16% B], während die reinen Kalke lt. Goldschmidt (1954) durchschnittlich 0,001% B_2O_3 enthalten. Für das vorliegende Profil konnten in den mergeligen Hangendpartien der Ceratitenschichten B-Gehalte von ca. 0,01% ermittelt werden. Harder (1959) fand für den gleichen Horizont bei Göttingen 0,0125%.

Die kalkig ausgebildeten Liegendpartien des mo_2 und des mo_1 erbrachten vereinzelt Werte wenig über 0,001%. Die Konzentrationen der Dolomit- und Anhydritpartien des Mittleren Muschelkalks lagen unter der spektralanalytischen Nachweisgrenze. Die Tonlöser enthalten stellenweise bis 0,01% Bor. Abweichend vom Göttinger Profil Harders (1959) ergaben sich in der Schaumkalk-, Terebratel- und Oolithzone keine Werte, während im übrigen Wellenkalk 0,001—0,003% zu verzeichnen waren. Parallel zu den Verteilungskurven des Mangans, Nickels und Kobalts steigen die B-Gehalte in den Myophorienschichten auf 0,005—0,01% an und behalten diese Höhe mit Ausnahme der dolomitischen und sulfatischen Partien bis zum grauen Röt und Mittleren Buntsandstein im wesentlichen bei. Harder verzeichnet für die Röttone bei Göttingen 0,004%.

Arsen läßt sich quantitativ spektralanalytisch erst ab 0,01% nachweisen. F. Heide & H. Moenke (1954/1955) bestimmten auf chemischem Wege in den Röttonen von Göschwitz und Steudnitz 3—4 g/t. Bei Zeilfeld ließ sich analog dazu die Arsenlinie sporadisch in den Proben des Wellenkalks und des mergligen mo_2 sowie häufiger im Röt nachweisen. Die Arsengehalte treten gleichzeitig mit höheren Ni-, Co- und Mangangehalten auf. Im Mittleren Buntsandstein sind Arsenwerte an eisenhaltige Horizonte gebunden.

Verteilung von Titan und Vanadium

Eine photometrische Auswertung der unter den beschriebenen Bedingungen aufgenommenen Spektralplatten auf die beiden genannten Elemente war bei den hohen Gehalten und der starken Untergrundschwärzung im Bereich der Nachweislinien nicht möglich. Die visuelle Bemusterung unter dem Zeiss-Projektor mit einer Genauigkeit von ± 1—2 Größenordnung zeigte folgende Ergebnisse:

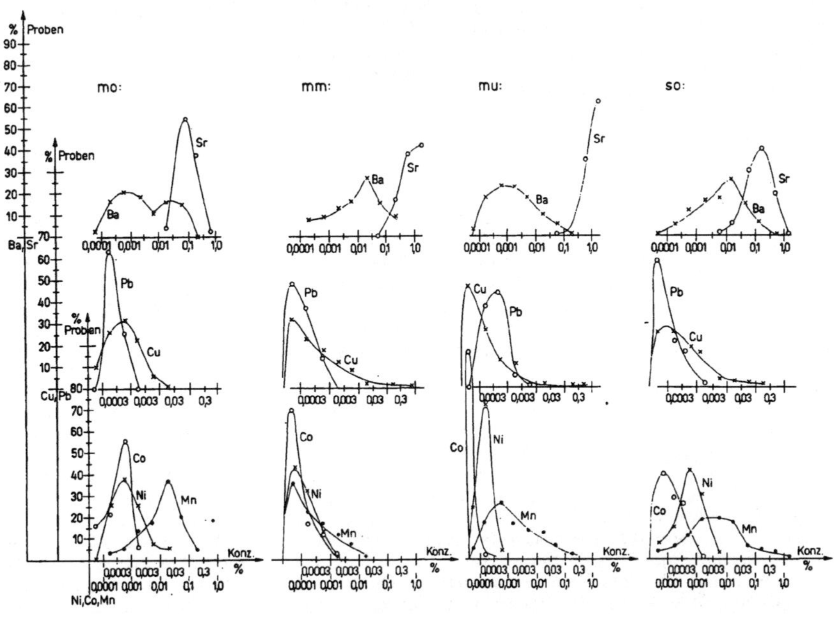

Abb. 5. Bohrung Zeilfeld, Gausssche Glockenkurven für Ba, Sr, Cu, Pb, Ni, Co und Mn in den Gesteinen des Oberen, Mittleren und Unteren Muschelkalks und des Röts

Auffällig niedrige Ti-Werte ergaben sich für die beiden Keuperproben und die hangenden 5 m des mo_2 (ca. 0,01%). Um eine Zehnerpotenz höher liegen die Gehalte im übrigen mo_2, mo_1 und in den dolomitischen und tonführenden Partien des Mittleren Muschelkalks. Im Wellenkalk erreichen die Werte oberhalb der Oolithzone (mit Ausnahme der Schaumkalk- und Terebratelzone) 0,3%, während sie nach dem Liegenden um eine Größenordnung absinken. P. SCHMITT (1934/1935) gibt für einzelne Horizonte des Wellenkalks des Steinbruchs Karlstadt 0,01—0,14% TiO_2 an.

Mit zunehmendem Schluff- und Sandgehalt erhöhen sich die Werte für die nichtsulfatischen Partien des Röts um 1,0% und darüber. Die entsprechenden Daten lauten bei V. M. GOLDSCHMIDT (1954): Karbonate 0,06—1,0%, Ton und Sandstein 1—1,5% Ti.

Die Vanadiumwerte liegen bei den Mg-armen Kalken (z. B. Schaumkalkbänke) um 0,0003%, während die Mergelkalke des mo_2 und die Dolomite des mm 0,001—0,003% aufweisen. Die tonigen Partien des Röts enthalten um 0,001%, die sich im Mittleren Buntsandstein auf 0,002—0,003% erhöhen.

Verteilung des Mangans und der Metalle der Eisengruppe

Die Verteilungskurven der drei Metalle Mn, Ni und Co gehen sowohl im Muschelkalk als auch im Röt weitgehend parallel. Die Mangan- und Nickelwerte streuen über 4—5 Größenordnungen, während sich die des Kobalts auf das Intervall von 10^{-3}—10^{-4}% beschränken.

Mangan

Mangankonzentrationen von 0,01—0,3% treten in den Mergelkalkpartien der Ceratitenschichten und den tonigen Horizonten des Röts auf. Die niedrigsten Gehalte finden sich im Bereich des Mittleren Muschelkalks, wo nur einzelne Werte, gebunden an Tonlöser, über 0,0003% hinausgehen. Im Wellenkalk steigen die Gehalte vom Hangenden nach dem Liegenden allmählich an. Übereinstimmend mit dem fränkischen Wellenkalk (P. SCHMITT 1934/1935) liegt das Mittel bei 0,003% Mn. Die Schaumkalk-, Terebratel- und Oolithzone sind durch Manganarmut gekennzeichnet. Auf Grund der starken Absorptionsfähigkeit der Tone und der Löslichkeit des Mn als Hydrogenkarbonat kommt es in den Tonen und Mergeln gegenüber den reinen Kalken und Dolomiten zu einer relativen Mangananreicherung.

Kobalt

Die Kobaltgehalte im Muschelkalk und Röt betragen in der Regel 1/3 der des Nickels.

Der Grenzbereich Keuper/Ceratitenschichten weist Kobaltanreicherungen um 0,001% auf, die im mo_2 und mo_1 ausdünnen und absinken. Im Mittleren Muschelkalk und im Wellenkalk finden sich, an Tonlöser und Mergelzonen gebunden, sporadische Einzelwerte z. T. von beträchtlicher Höhe. Die Tonhorizonte des Röts zeigen neben höheren Nickelgehalten Kobaltwerte bis 0,001% (im grauen Röt).

Nickel

Nickelwerte bis 0,01% finden sich innerhalb der tonreichen Partien der Muschelkalk/Keuper-Grenze. Während die Mergelkalke im mo_2 und der Trochitenkalk 0,0003 bis 0,001% enthalten, erschienen im Mittleren Muschelkalk lediglich im Bereich von Tonlösern geringe Werte. Im Wellenkalk oberhalb der Terebratelzone setzt wieder eine dichtere Abfolge von Nickelgehalten ein. Die *Orbicularis*- und die Schaumkalk-, die Terebratel- und die Oolithzone sind nickelfrei. Die Myophorienschichten bringen einen Anstieg der Konzentrationen auf 0,001%. Im roten und grauen Röt ergaben sich mit Ausnahme der karbonatischen und sulfatischen Horizonte 0,003—0,01%.

Ergebnisse

Als erste zusammenhängende Übersicht über den Spurenelementhaushalt triadischer Gesteine Südwestthüringens wurden 385 Schlitzproben der Muschelkalk-Röt-Kernstrecken der Kartierungsbohrung Zeilfeld 1/61 (Kreis Hildburghausen) auf 22 Erdalkali-, Edel-, Bunt-, Eisen- und Halbmetalle halbquantitativ spektralanalytisch geprüft. Dabei trat folgende Elementverteilung auf:

Die mergligen Partien der Ceratitenschichten zeichnen sich durch relativ hohe Bor-, Mangan-, Nickel-, Kobalt- und mittlere Barium- und Strontiumgehalte aus. Neben schwachen Zinkwerten, die eventuell vorhandene Äquivalente der Zinkblendebank andeuten könnten, fanden sich lokal überdurchschnittliche Blei- und Kupferkonzentrationen. Im Muschelkalk, vorwiegend kalkiger Entwicklung (mo_1, mu), spielen neben den Erdalkalien Ba und Sr vor allem Titan, Vanadium, Mangan sowie stellenweise Blei eine Rolle. Die B-Gehalte liegen ebenso wie in den auftretenden $CaSO_4$-Gesteinen zumeist unter der Nachweisgrenze. Der mehrmalige Fazieswechsel Dolomit—Tonlöser—Anhydrit—Gips spiegelt sich im geochemischen Profil des Mittleren Muschelkalks deutlich wider. Die Tonlöser erbrachten extreme Bor-, Bunt- und Eisenmetallgehalte.

Die *Orbicularis*- und die Schaumkalk- sowie die Terebratel- und die Oolithzone heben sich durch niedrige Barium-, Strontium-, Mangan- und fehlende Bor-, Nickel- und Kobaltwerte heraus. Der Wellenkalk bringt die höchsten Sr- und Pb-Gehalte des vorliegenden Profils. Der Chemismus der in ihrer stratigraphischen Stellung lange umstrittenen Myophorienschichten unterstützt ihre Einordnung in den Röt. Unter der gelben Grenzkalkbank setzen mit Ausnahme der karbonatischen und sulfatischen Horizonte höhere Ba-, B-, Ti-, Mn-, Ni- und Co-Konzentrationen ein. Qualitativ erfaßbare Arsen- und sporadische Zinnwerte treten auf. Die sogenannten Malachitbänke des Röts machen sich durch Kupfergehalte über 0,02% bemerkbar.

Zusammenfassung

Die Ergebnisse der geochemischen Untersuchung der Muschelkalk- und Rötkernstrecken der Kartierungsbohrung Zeilfeld 1/61, Kreis Hildburghausen, werden mitgeteilt. Es wurden 385 Schlitzproben auf Edel-, Bunt-, Eisen- und Halbmetalle halbquantitativ spektralanalytisch geprüft. Die Elementverteilung in den verschiedenen Schichtenkomplexen wird dargelegt. Vergleiche mit den von Prof. HEIDE und Mitarbeitern für den Jenaer Raum publizierten Analysenwerten ergaben deutliche Analogien in geochemischer Hinsicht zwischen den beiden Triasprofilen nördlich und südlich des Thüringer Waldes.

Резюме

Сообщаются результаты геохимического исследования кернового материала раковистого известняка и верхнего пестрого песчаника (рёт) картировочной скважины Цейльфельд I/61, округ Гильдбургхаузен. Спектральным анализом полуколичественно исследовались 385 бороздовых проб на благородные, цветные и черные металлы и полуметаллы. Излагается распределение элементов в различных комплексах слоев. Сравнения с данными анализов, опубликованными проф. Хейде и сотрудниками для области Йена, выявили ясные аналогии в геохимическом отношении между разрезами триаса севернее и южнее Тюрингенского леса.

Zeitschrift für angewandte Geologie, Bd. 10 (1964) H. 1

Summary

An account is given of results obtained by a geochemical investigation of Muschelkalk and Röt core sections drilled for the mapping of Zeilfeld 1/61 in the district of Hildburghausen. They include a semi-quantitative spectroscopic testing of 385 slit samples for rare, non-ferrous, iron and semi-metals. The distribution of elements in the different sedimentary complexes is described. Comparisons with analytical data published by Prof. Heide and collaborators for the Jena area show obvious geochemical analogies between the two Triassic sections north and south of the Thuringian Forest.

Literatur

Ahrens, L. H.: Quantitativ spectrochimic analysis of silicates. – Pergamon Press, London 1954.

Dinger, K.: Über die Herkunft des Strontium in den Schichten des unteren Muschelkalk und Röt von Jena. – Chemie der Erde, 4, S. 167, Jena 1929.

Engelhardt, W. v.: Zur Geochemie des Barium. – Chemie der Erde, 10, H. 2, Jena 1936.

Goldschmidt, V. M.: Geochemistry. – Oxford Press, 1954.

Harder, H.: Zur Geochemie des Bor. – Nachrichten der Akademie der Wissenschaften in Göttingen aus dem Jahre 1959, Math.-physikal. Klasse. Verlag Vandenbroek-Ruprecht, Göttingen 1959.

Heide, F. & W. Christ: Zur Geochemie des Strontium und Barium. – Chemie der Erde, 16, H. 4, Jena 1953.

Heide, F. & H. Lerz: Zur Geochemie die Bleies. – Chemie der Erde, 17, H. 3, Jena 1954/1955.

Heide, F. & H. Moenke: Zur Geochemie des Arsens. – Chemie der Erde, 17, H. 3, Jena 1954/1955.

Jubitz, K.-B.: Zur feinstratigraphisch-geochemischen Horizontierungsmethodik in Kalksedimenten. – Geologie, 7, S. 863, Berlin 1958.

Moenke, H.: Spurenelemente in deutschen Graniten. – Chemie der Erde, 20, H. 4, Jena 1959.

Naumann, E.: Erläuterungen zur geologischen Spezialkarte Bl. Jena (Nr. 2936). – Berlin 1928.

Noll, W.: Geochemie des Strontiums. – Chemie der Erde, 8, H. 4, 1934.

Preuss, E.: Spektralanalytische Untersuchungen der Tektite. – Chemie der Erde, 9, H. 3, Jena 1934/35.

Pröscholdt, H.: Erläuterungen zur geologischen Spezialkarte Bl. Haina (Nr. 5529). – Berlin 1928.

Rankama, K. & Th. Sahama: Geochemistry. – Chicago, 1952.

Saidel-Prokofieff-Raiski: Spektraltabellen. – VEB Verlag Technik, Berlin 1955.

Schmitt, P.: Zur Petrogenese des fränkischen Wellenkalkes. – Chemie der Erde, 9, H. 3, Jena 1934/1935.

Tischendorf, G., M. Kraft & W. Östreich: Zur geochemischen Bearbeitung von Kartierungs- und Suchbohrungen unter besonderer Berücksichtigung der Erfassung lagerstättenanzeigender Kriterien (ausgenommen Lagerstätten der Salze und Bitumina). – Wiss.-techn. Informationsdienst des Zentr. Geol. Inst., 3, Sonderheft 7, Berlin 1962.

Weber, H.: Einführung in die Geologie Thüringens. – VEB Dtsch. Verlag d. Wiss., Berlin 1955.

Bericht über geochemische Untersuchungen an Kernstrecken aus dem Muschelkalk und Röt der Bhrg. Zeilfeld 1/61 (Kreis Hildburghausen), Mtbl. Haina Nr. 5529. – VEB Geol. Erkundung West, Halle, Zentr. Abt. Kartierung, Kühn, Fachgebiet Geochemie.

Zur Berechnung der Vorräte von Elementbeimengungen[1]

W. W. Mogarowskij & L. W. Rossejkin, UdSSR

Zinkerze enthalten in der Mehrzahl der Lagerstätten Elementbeimengungen, welche man gewöhnlich gemeinsam mit Zink gewinnt. Zu den in diesen Erzen am meisten verbreiteten Elementbeimengungen gehört Kadmium, welches in der Hauptsache in das Kristallgitter des Sphalerits eingebaut ist oder als selbständiges Mineral Greenockit bildet, das für die Oxydationszone charakteristisch ist. Bei der Berechnung der Zinkvorräte bestimmt man auch die Vorräte an Kadmium. Gewöhnlich benutzt man die direkten Methoden.

Seit kurzem werden für die Berechnung der Vorräte einiger seltener Elementbeimengungen (hierunter auch Kadmium) einfachere und hinreichend zuverlässige Methoden verwendet: die Korrelationsmethode (bei Konzentraten) und die Methode der monomineralischen Proben (B. I. Galkin 1949, A. D. Kaljenow 1956, I. P. Schaparow 1957, A. P. Grudjew 1960, O. W. Iwanow 1960). Hierdurch kann man den Aufwand an Zeit und Mitteln bedeutend verringern, da für die Berechnung der Vorräte an Elementbeimengungen mit diesen Methoden ca. zehnmal weniger Probenmaterial und chemische Analysen benötigt werden. Die Genauigkeit der Berechnung ist nicht geringer als bei Benutzung der direkten Methoden.

Falls niedrige, jedoch industrielle Konzentrationen seltener Elemente in den Erzen vorkommen, ist die Berechnung an monomineralischen Proben und Konzentraten unentbehrlich.

Die Autoren führten mit einigen Methoden experimentelle Arbeiten zur Berechnung der Vorräte des Kadmiums in Erzen eines Blockes einer Blei-Wolfram-Skarnlagerstätte durch mit der Absicht, auf dem Wege des Vergleichs die einfachste und effektivste Methode auszuwählen.

[1]) Aus: „Raswedka i ochrana nedr", H. 7, S. 14–15 (1962). Übers.: G. Magalowski.

Die untersuchten Lagerstätten sind an den Kontakt von Granodioriten mit marmorisierten mittelpaläozoischen Kalken gebunden. Die Erzkörper bestehen aus geneigt einfallenden Skarnlagern. In den Lagerstätten sind folgende Minerale verbreitet:

1. Nichterze: Granat (Andradit-Grossular), Pyroxen (Diopsid-Hedenbergit), Kalzit;

2. Erzminerale: Scheelit, Sphalerit (Marmatit), Kassiterit, Chalkopyrit, Pyrrhotin.

Von den seltenen Elementbeimengungen sind vorhanden: Kadmium, Indium, Yttrium, Niob u. a. Der Gehalt an Kadmium im Erz ist relativ hoch, und sein Vorhandensein läßt sich unmittelbar bei der Analyse der Schlitzproben feststellen. Die Oxydationszone fehlt praktisch in dieser Lagerstätte.

Für die vergleichende Berechnung der Vorräte an Kadmium wurde ein Erkundungsblock aus der Lagerstätte gewählt (Block A), in welchem mit der direkten Methode die Vorräte an Zink und Kadmium zu 465,6 Tonnen und 11,5 Tonnen und (im Mittel) zu 1,49% und 0,037% berechnet wurden[2]).

Die mit dieser Methode bestimmten Vorräte an Kadmium wurden als Vergleichsmuster genommen, d. h. gleich 100% gesetzt. Hiermit wurden die Vorräte verglichen, welche nach anderen Methoden, z. B. nach der Korrelationsmethode und nach der Methode der monomineralischen Proben, berechnet wurden.

Die Korrelationsmethode gibt die Möglichkeit, die Vorräte an Kadmium, ausgehend von den Vorräten an Zink, bei Vorhandensein eines engen linearen Zusammenhangs zwischen den gegebenen Komponenten, zu berechnen. Zur Feststellung eines solchen Zusammenhangs wurden die Analysenergebnisse von 55 Schlitzproben ausgewertet. Diese wurden aus verschiedenen

[2]) Vorräte und Gehalte sind angenommene Werte.

Teilen der Lagerstätte ausgewählt, und sie haben einen unterschiedlichen Zinkgehalt, so daß man sie in Klassen nach dem Zinkgehalt einteilen konnte. Danach wurde der Korrelationskoeffizient bestimmt, welcher den Zusammenhang zwischen Kadmium und Zink charakterisiert.

Der Koeffizient wird berechnet nach der Formel:

$$r = \frac{\Sigma\, \delta_x \cdot \delta_y}{\sqrt{\Sigma\, \delta_x^2 \cdot \Sigma\, \delta_y^2}}$$

wobei: δ_x und δ_y = Abweichungen der Mittelwerte x (Zn) und y (Cd) der einzelnen Klassen vom arithmetischen Mittel aller Klassen.

Im gegebenen Fall erwies sich $r_{Cd,\,Zn}$ gleich + 0,98 ± 0,005. Diese Größe zeigt, daß zwischen den erwähnten Elementen im Erz der Lagerstätte ein enger linearer (positiver) korrelativer Zusammenhang besteht, welcher die Möglichkeit gibt, die Vorräte an Kadmium von den Zinkvorräten ausgehend mit großem Genauigkeitsgrad zu berechnen.

Die unmittelbare Berechnung der Vorräte an Kadmium wird mit zwei Verfahren durchgeführt: Nach dem Verhältnis Cd : Zn, welches an 55 Schlitzproben bestimmt wurde, und mittels der Benutzung des mittleren Kadmiumgehaltes im Block A, der aus der Regressionsgleichung ermittelt wurde.

1. Berechnung der Kadmiumvorräte im Block A nach dem Verhältnis Cd:Zn

Nach den Angaben des mittleren Gehaltes an Zink C_2 und an Kadmium C_1, welche an 55 Schlitzproben bestimmt wurden, ist das Verhältnis $C_1 : C_2$ von 0,0277 vorhanden.

Die Vorräte an Kadmium können nach folgender Formel berechnet werden:

$$Q = \frac{C_1}{C_2} \cdot P$$

wobei:

Q = Vorräte an Kadmium in Tonnen;
$C_1 : C_2$ = Verhältnis des Kadmiumgehaltes zum Zinkgehalt;
P = Zinkvorräte im Block A in Tonnen.

Auf diese Weise setzen sich die Kadmiumvorräte wie folgt zusammen:

$$Q = 0{,}0277 \times 465{,}6 = 12{,}9 \text{ Tonnen}$$

2. Berechnung der Vorräte an Kadmium nach dem mittleren Gehalt im Block A, bestimmt nach der Regressionsgleichung

Nach den Ergebnissen der chemischen Analysen der Schlitzproben entsteht die Regressionsgleichung, welche im allgemeinen Falle die folgende Form hat:

$$y = r\,\frac{\delta_y}{\delta_x}\,(x - \bar{x}) + \bar{y}$$

wobei:

x und y = Gehalt der korrelierenden Elemente in %;
$\bar{x}$ und $\bar{y}$ = arithmetischer Mittelwert von x und y;
δ_x und δ_y = mittlere quadratische Abweichung vom arithmetischen Mittelwert.

Führt man die entsprechenden Berechnungen durch, so erhält man:

$$Cd = 0{,}0274\, Zn + 0{,}0001$$

Setzt man den mittleren Gehalt an Zink im Block A (gleich 1,49%) in die Regressionsgleichung ein, so berechnet man den mittleren Gehalt an Kadmium im gegebenen Block zu 0,0409%. Bei bekannten Erzvorräten im Block kann man mit Hilfe des mittleren Kadmiumgehaltes unschwer die Vorräte berechnen, sie sind gleich 12,8 Tonnen.

Wie man sieht, stimmen der mittlere Gehalt an Kadmium, der nach der Regressionsgleichung berechnet wurde (errechnet nach dem mittleren Zinkgehalt im gegebenen Block), und derjenige, der nach den Ergebnissen der chemischen Analysen der Proben bestimmt wurde, gut überein.

Einige Autoren sind der Meinung, daß das Steigungsmaß der Regressionsgleichung das Verhältnis der Elementbeimengungen im Erz zur Hauptkomponente widerspiegelt, an welche diese Beimengungen gebunden sind. Das Steigungsmaß ist im gegebenen Falle gleich 0,027, aber das Verhältnis Cd : Zn, das für den Block A nach den Angaben der chemischen Analysen bestimmt wurde, ist gleich 0,037 : 1,49 = 0,025. Folglich spiegelt das Steigungsmaß der Regressionsgleichung tatsächlich die Beziehungen zwischen Kadmium und Zink in den Erzen der untersuchten Lagerstätte gut wider.

Bei Verwendung der Methode der monomineralischen Proben kann man die Vorräte an Kadmium im Block A nach seinem mittleren Gehalt an Sphalerit berechnen.

Der mittlere Gehalt an Kadmium, der an 43 monomineralischen Proben bestimmt wurde, ist gleich 1,37%. Erfolgt eine Umrechnung der Zinkvorräte im Block A (465,6 Tonnen) auf Sphalerit, woran das gesamte Kadmium gebunden ist, so finden wir, daß die Menge des eisenfreien Sphalerits 694,9 Tonnen beträgt. Die Vorräte an Kadmium sind in diesem Falle gleich 9,5 Tonnen. Nimmt man einen mittleren Gehalt um 7% Eisen im Sphalerit an und führt eine Korrektur um 8,2% durch (7 × 65,38 : 55,85), so findet man als Vorrat an

Tabelle

Methode der Vorratsberechnung des Kadmiums	Vorräte im Block A in Tonnen	Vorräte in %, bezogen auf die Ergebn. n. d. direkten Methode	Abweich. d. Vorräte, bezog. auf d. Ergebn. n. d. direkten Methode, in %
Direkte Methode, nach dem mittleren Kadmiumgehalt im Erz unmittelbar bei der Analyse der Schlitzproben bestimmt	11,5	100	–
Korrelationsmethode nach			
a) der Korrelation Cd : Zn in 55 Schlitzproben	12,9	112,1	+12,1
b) nach dem mittleren Kadmiumgehalt, bestimmt nach der Regressionsgleichung	12,8	111,3	+11,3
Methode der monomineralischen Proben			
a) ohne Berücksichtigung des Eisengehaltes des Sphalerits	9,5	82,6	−17,4
b) unter Berücksichtigung des Eisengehaltes des Sphalerits	10,3	89,7	−10,3

Sphalerit im Block A 751,9 Tonnen. Hieraus erhält man die Kadmiumvorräte durch folgende Rechnung:

$$\frac{751{,}9 \times 1{,}37}{100} = 10{,}3 \text{ Tonnen}$$

Die Angaben der Vorratsberechnung des Kadmiums nach verschiedenen Methoden sind in der Tabelle für den Block A aufgeführt. Wie aus ihr ersichtlich, ist die Übereinstimmung der Resultate völlig befriedigend. Die Abweichungen überschreiten nirgends 20% im Verhältnis zu dem Vorrat, der nach der direkten Methode bestimmt wurde.

Mit Ausnahme der Kadmuimvorräte, die nach der Methode der monomineralischen Proben ohne Berücksichtigung des Eisengehaltes im Sphalerit bestimmt wurden, kann man feststellen, daß die Abweichungen in den Vorräten in den Grenzen von 10 bis 12% liegen.

Auf diese Weise ist die Genauigkeit der Vorratsberechnung des Kadmiums unter den Bedingungen der untersuchten Lagerstätte nach monomineralischen Proben und nach der Korrelationsmethode vollkommen zulässig. Folglich ergeben die neuerdings vorgeschlagenen einfachen und mit geringem Arbeitsaufwand verbundenen Methoden der Vorratsberechnung von Elementbeimengungen völlig zuverlässige Angaben.

Es ist notwendig, solche Methoden rascher in die Praxis der geologischen Erkundungsarbeit einzuführen, jedoch muß in jedem konkreten Falle die Auswahl der effektivsten Methode nach vorhergehenden Untersuchungen getroffen werden.

Literatur

Galkin, B. I.: Über die Methode des Erkennens des quantitativen gegenseitigen Zusammenhangs zwischen den Komponenten der nutzbaren Mineralien. – Tr. WIMS, 1, Gosgeolisdat, 1949.

Grudjew, A. P.: Der korrelative Zusammenhang von Kobalt und Schwefel in metasomatischen Magnetitlagerstätten. – West. MGU, Ser. IV, Geolog., H. 3 (1960).

Iwanow, O. W.: Über die Probenahme und Vorratsberechnung von Elementbeimengungen in Lagerstätten der Buntmetalle und seltenen Metalle. – Raswedka i ochrana nedr, H. 4 (1960).

Kaljenow, A. D.: Zur Einschätzung des Gehalts und der Vorräte von Elementbeimengungen. – Raswedka i ochrana nedr, H. 10 (1956).

Schaparow, I. P.: Zur Theorie der Vorratsberechnung von Elementbeimengungen. – Raswedka i ochrana nedr, H. 1 (1957).

Neue Ergebnisse der Kontrolle der Probenahme und der Auswertung der Bemusterung im südafrikanischen Goldbergbau[1]

Herbert Reh, Jena

Unter den Themen, die auf dem 7. Commonwealth Mining and Metallurgical Congress im April 1961 in Johannesburg zur Diskussion standen, nahmen die Fortschritte auf dem Gebiet der Bemusterung und Bewertung im südafrikanischen Goldbergbau einen breiten Raum ein. Die in etwa 20, zumeist in südafrikanischen Zeitschriften erschienenen Publikationen und zahlreichen unveröffentlichten Forschungsberichten niedergelegten Tatsachen und Ergebnisse wurden von H. S. Sichel & R. St. J. Rowland sowie von D. G. Krige in zusammenfassenden Aufsätzen dargestellt.

Da diese Ergebnisse einen neuen Beitrag zu der Frage der Verteilung der Gehalte in Lagerstätten darstellen, die F. Stammberger (1957 und 1963) in dieser Zeitschrift behandelt hat, soll versucht werden, die Entwicklung auf diesem wichtigen Gebiet der Bergwirtschaft kurz mitzuteilen. Es handelt sich dabei größtenteils um Erkenntnisse, die teils aus großen Versuchsreihen abgeleitet, teils bei der Inbetriebnahme neuer großer Goldgruben vor allem im Klerksdorp-Gebiet und im Oranje-Freistaat, teils beim Abbau der vorher bewerteten Grubenfelder gewonnen worden sind.

Zunächst sei die Praxis der Probenahme (sampling) in den Goldgruben kurz beschrieben. In den ersten Jahren des Goldbergbaus am Witwatersrand genügten noch rohe Schätzungen der Ergebnisse von Sicherproben zur Beurteilung des Wertes von Goldclaims und ihrer Bauwürdigkeit. Mit zunehmender Tiefe der Abbaue machte sich jedoch bald eine Zusammenlegung der Claims zu größeren Gruben notwendig, und ein geregelter Bergbau begann. Da der Gehalt der Golderze nur durch genaue Analysen bestimmt werden kann, ergaben sich die Aufgaben des Probenehmers (Sampler) und Probierers (Assayer), die bei den heutigen Gruben mit den sehr bedeutenden Förderungen durch Abteilungen mit verhältnismäßig starker Besetzung gelöst werden. Bei dem geringen mittleren Goldgehalt der südafrikanischen goldführenden Konglomerate (Reef) hängt ein wirtschaftlicher Abbau entscheidend von der sorgfältigen Beurteilung der noch gewinnbaren Vorräte an Golderz ab.

[1] Eingang des Manuskripts in der Redaktion: 22. 7. 1963

Die Methodik der Probenahme am Witwatersrand geht im allgemeinen von Schlitzproben im Gewicht von 1 lb bis etwa 4 lb, im Mittel von 2 lb aus (1 lb = 453,6 g). Im Streckenvortrieb stellt eine Probe den 1200sten Teil des zu beurteilenden Konglomeratbandes (Reef), in den Abbauen den 11500sten Teil dar. Wo ein geringmächtiges Reef mit einer aus technischen Gründen erforderlichen größeren Abbauweite von 36 in (1 in = 1 inch = 1 Zoll = 2,54 cm) gewonnen wird, entspricht das Muster etwa dem 100000sten Teil der geförderten Rohhaufwerksmenge.

Die Proben werden im allgemeinen mit Meißeln, die neuerdings mit Wolframkarbidschneiden versehen sind, aus dem festen Konglomerat oder Quarzit herausgeschlagen. Die reichen Partien des Reefs werden dabei in Sektionen von geringer Höhe (bis zu 2 Zoll) eingeteilt, während die armen Partien in Schlitzhöhen bis zu 10 und 12 Zoll geprobt werden. Besonders schwierig sind geringmächtige, sehr reiche Reefs zu bemustern. Es wurden Fehler im Mittel bis zu +25% festgestellt. Als günstigste Schlitzhöhe hat sich die Reefbreite einschließlich je 1/2 Zoll der liegenden und hangenden Berge erwiesen.

Um die schwierige Arbeit des Probenehmers zu erleichtern und zu beschleunigen, wurde eine 7 1/2 lb schwere handgehaltene Diamantschneidscheibe von 8 Zoll Durchmesser (= 203 mm) ausprobiert. Die „C-Sampler" genannte Einrichtung wird von einem Preßluftmotor mit 8000 Umdr./min angetrieben und besitzt ein Wasserspülrohr, um eine Staubentwicklung zu vermeiden. Bei einer Schnittiefe von 1 Zoll lassen sich 4 1/2 Proben je Std. vorschneiden. Die Verschleißkosten der Diamantschneidblätter werden mit 8 sh je Probe angegeben.

Zum Vergleich der Handprobenahme und der maschinellen Probenahme wurden in zwei verschiedenen Gruben an 100 Probenpunkten je 2 Doppelproben genommen, wobei die Handproben besonders sorgfältig geschlitzt wurden. Die Doppelproben zeigten sowohl bei der Hand- als auch bei der maschinellen Probenahme im Rahmen der normalen Abweichungen recht gute Übereinstimmung. Bemerkenswerter-

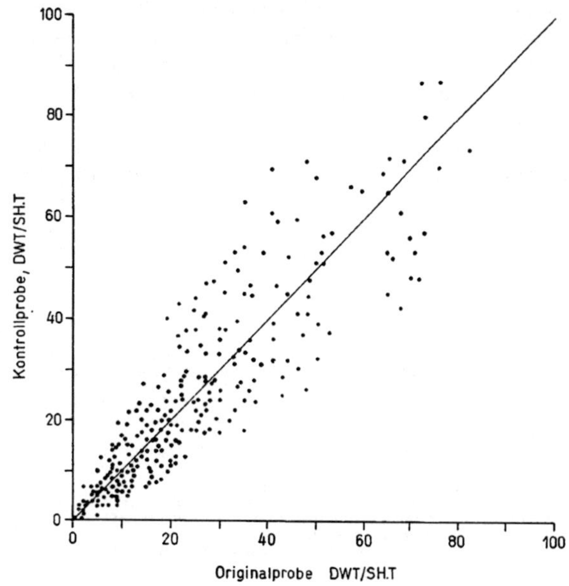

Abb. 1. Streuung der Ergebnisse einer Kontrollbemusterung (267 Doppelproben) in einer Goldgrube des Witwatersrands (nach ROWLWAND & SICHEL 1960)

weise lag der Gehalt bei den maschinellen Proben im Mittel etwa 3% höher als bei den Handproben.

Da nach allgemeinen theoretischen Vorstellungen bessere Bemusterungsergebnisse von größeren Probenmengen erwartet werden mußten, ging man bei der Rand Mines Group dieser Frage mit einem großangelegten Test nach. Auf zwei Witwatersrand-Gruben und einer Grube im Oranje-Freistaat wurden in fünf verschiedenen Reef-Horizonten mit Musterhöhen von einem Bruchteil eines Zolls bis zu 50 Zoll 1785 Doppelproben in dem gleichen Schlitzkanal genommen, wobei die einzelnen Proben zwischen $^1/_2$ lb und 7 lb lagen. Die Gewichte der einzelnen Probenpaare stimmten gut überein. Entgegen den Erwartungen zeigte sich jedoch keine Beziehung der Abweichungen der Probenergebnisse zu dem Probengewicht. Bei weiteren Untersuchungen fand man, daß die Fehler, die durch das stufenweise Zerkleinern und Heruntervierteln der Proben entstehen, die gleiche Größenordnung haben wie die Schwankungen der Goldwerte in unmittelbar nebeneinanderliegenden Proben aus dem gleichen Schlitzkanal. Es stellte sich heraus, daß der Fehler nach dem Pulverisieren der gesamten Probe viel geringer war als bei der üblichen Methode des Heruntervierteins mit stufenweiser Zerkleinerung. Daraus ergab sich, daß es bei Beibehaltung der Methode der stufenweisen Zerkleinerung zwecklos ist, größere Proben in der Grube zu nehmen.

Bis vor 10 Jahren war es üblich, übermäßig hohe Goldwerte (Mammutwerte) auf einen niedrigeren Wert zu verringern, um die durch die Bemusterung festgestellten Goldinhalte der Förderung in bessere Übereinstimmung mit den in der „Reduction Plant" ausgebrachten Goldmengen zu bringen und einen „Mine Call Factor" von möglichst etwa 100% zu erreichen. Da alle neuen Gruben vom Staat verliehen wurden und nach dem Verleihungsvertrag der mittlere Goldgehalt der Förderung in entsprechender Übereinstimmung mit dem mittleren Gehalt der Erzreserven stehen soll, ist das „Verschneiden" der Mammutwerte der Bemusterung nicht mehr gestattet und wird auch in den älteren Gruben nicht mehr geübt. Abnorm hohe Werte werden nochmals kontrolliert, und wenn der Kontrollwert noch immer hoch liegt, wird der Mittelwert beider Proben eingesetzt. Das gelegentliche Vorkommen hoher Goldgehalte ist durchaus verständlich und steht mit der etwa lognormalen Verteilung der Werte in Übereinstimmung.

Aus diesen und anderen Versuchsreihen wurden wertvolle Angaben für die natürlichen Abweichungen in den Proben erhalten. Darauf bauen sich die Grenzwerte der zulässigen Abweichungen auf.

Um die Qualität der Probenahme zu verbessern, wurden in der Rand Mines Group in den letzten 10 Jahren große Versuchsreihen durchgeführt. Aus ihnen konnten statistisch belegbare Vorstellungen über zulässige und abnorme Abweichungen von den Mittelwerten abgeleitet werden. Gleichzeitig damit wurden auch Versuche zur Verbesserung des Probierens (Assaying) der Proben unternommen. Bei Untersuchungen des Silberanteils im Gold wurde festgestellt, daß dieser nicht nur von Reef zu Reef, sondern auch innerhalb des Reefs schwankt, daß also bei der Umrechnung der Ergebnisse des Probierens (Assaying) darauf Rücksicht genommen werden muß. Es zeigte sich weiterhin, daß das Gold vor allem in den geringmächtigen Reefs als dünner Saum auftritt oder um die Gerölle herum verteilt ist. Es kann dabei vorkommen, daß Goldflitter an einer Stelle um die Gerölle herum zu erkennen sind, während unmittelbar daneben keine Spur mehr vorhanden ist. Diese unterschiedlichen Verhältnisse werden sich als natürliche Abweichungen im Goldgehalt durch Kontrollbemusterungen erkennen lassen.

Aber noch eine andere Variable wird sich auswirken, der menschliche Faktor. Es muß ohne weiteres zugegeben werden, daß es praktisch unmöglich ist, eine Probe vorschriftsmäßig exakt herauszuschlagen. Außerdem wird es Probenehmer verschiedener Geschicklichkeit geben. In der Praxis wird es immer so eingerichtet, daß die erfahrenen Probenehmer für die Bemusterung der Streckenvortriebe eingesetzt werden, während die weniger erfahrenen und weniger zuverlässigen die Abbaue bemustern.

Die Methodik der Kontrollbemusterung beruht darauf, daß das Kontrollmuster in demselben Schlitzkanal wie die Probe über die gleiche Schlitzhöhe oder unmittelbar daneben herausgeschlagen wird. Man kann die Kontrollbemusterung insofern variieren, als man entweder beide Proben von dem gleichen erfahrenen Probenehmer herausschlagen läßt oder Abbauprobenehmer von Streckenprobenehmern oder auch Anfänger von erfahrenen Probenehmern kontrollieren läßt. Im ersten Fall wird man die natürlichen Abweichungen, im zweiten Fall vorwiegend den menschlichen Faktor beurteilen können.

Mit einer etwas anderen Problemstellung kann man beispielsweise Abbaufronten, die normalerweise in Abständen von 20 ft (1 ft = 0,3048 m) bemustert werden, in 10-ft-Abständen kontrollbemustern oder in ganz besonderen Fällen sogar in 5-ft-Abständen. Solche Kontrollen zwischen den ursprünglichen Bemusterungspunkten sind dann von großem Wert, wenn das Reef durch besonders unterschiedliche Goldwerte auffällt. Sie sind jedoch nicht geeignet, wenn man offensichtliche Fehler des Samplers oder Assayers erkennen und ausmerzen will.

Die Auswertung von 267 Doppelproben einer Goldgrube zeigt, daß sich bei der Eintragung in einem Diagramm (Abb. 1), in dem die Originalwerte als Abszisse und die Kontrollwerte als Ordinate aufgetragen wurden, die Werte symmetrisch um die 45°-Diagonale verteilen. 125 Punkte liegen über, 9 auf und 133 unter der Diagonale. Im Vergleich mit einem Beispiel chemischer Kontrollanalysen, wo sich die Ergeb-

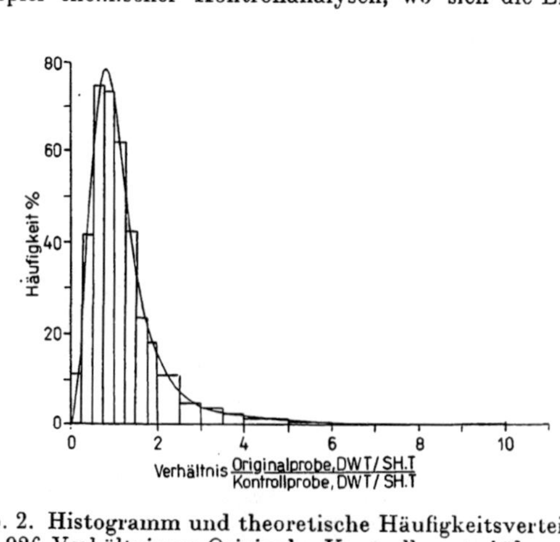

Abb. 2. Histogramm und theoretische Häufigkeitsverteilung von 926 Verhältnissen Original-: Kontrollmuster über einer linearen Abszisse (nach ROWLAND & SICHEL 1960)

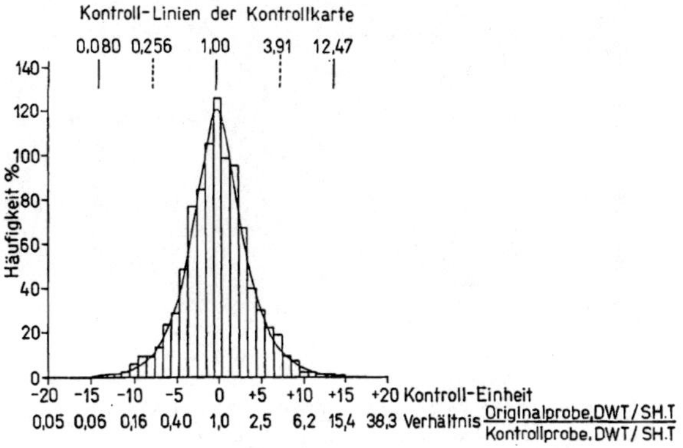

Abb. 3. Histogramm und theoretische Häufigkeitsverteilung von 926 Verhältnissen Original- : Kontrollmuster über einer logarithmischen Abszisse (nach Rowland & Sichel 1960)

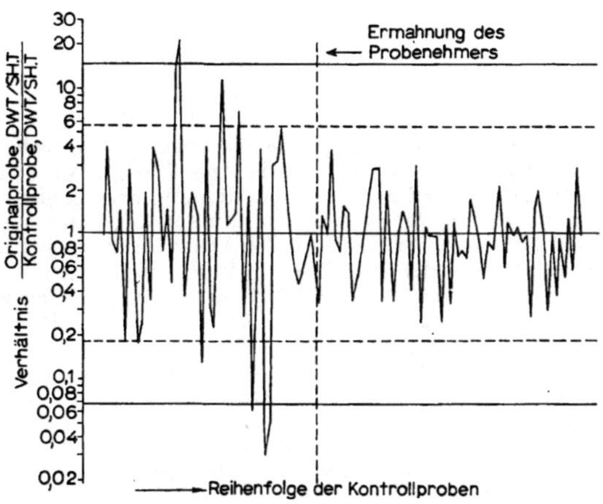

Abb. 4. Kontrollkarte einer Goldgrube, aus der die Auswirkung einer Ermahnung des Probenehmers klar ersichtlich ist (nach Rowland & Sichel 1960)

nisse eng um die 45°-Diagonale scharen, lassen die Ergebnisse der Kontrollbemusterungen im südafrikanischen Goldbergbau ein hohes Maß von Abweichungen erkennen, und zwar ergibt sich für hohe Gehalte ein größeres Maß der Veränderlichkeit als für geringe Gehalte. Aus diesem Grunde kann man beim Auswerten der Kontrollbemusterung nicht die Differenzen zwischen dem Original- und dem Kontrollmuster benutzen, sondern muß von dem Verhältnis Original- : Kontrollmuster ausgehen. Trägt man die Häufigkeiten der Verhältnisse Original- : Kontrollmuster über einer linearen Abszisse auf (Abb. 2), so zeigt sich eine linksasymmetrische sehr schiefe Verteilung, die sich aber in eine der Gaussschen Verteilung ähnliche ändert, wenn man eine logarithmische Abszisse verwendet (Abb. 3).

In Auswertung der reichen Erfahrungen aus der Routineprobenahme und den Kontrollbemusterungen sind Kontrollkarten entwickelt worden, in denen die Ergebnisse der Kontrollbemusterungen leicht und übersichtlich ausgewertet werden können. Diese Kontrollkarten zeigen in der Ordinate die über und unter 1 liegenden Verhältnisse Original- zu Kontrollmuster in logarithmischer Teilung aufgetragen, so daß sich die Ergebnisse der einzelnen Kontrollbemusterungen mehr oder weniger symmetrisch um die Grundlinie mit dem Wert 1 verteilen. Aus Histogrammen mit logarithmischer Abszisse, aus denen sich eine der Gaussschen Verteilung ähnliche Verteilung der Werte ergibt (Abb. 3), lassen sich für jede Goldgrube, für jeden Reefhorizont und gegebenenfalls auch für jedes Grubenrevier die Verteilungsgesetze ablesen und daraus zwei kennzeichnende symmetrische Werte zu dem Grundwert 1 entnehmen, die in den Kontrollkarten als Kontrollinien eingetragen werden. Sie werden entsprechend ihrer Kontrollfunktion als

Upper u. Lower Action Line	(entsprechend den Grenzlinien der Normalverteilung) und
Upper u. Lower Warning Line	(Umbiegungsbereich der Verteilungskurve als Hinweis zu kritischer Betrachtung)

bezeichnet.

Die Kontrollinien werden aus den Ergebnissen der Kontrollbemusterung aller Probenehmer einer Grube abgeleitet und stellen somit einen mittleren Standard der zulässigen Abweichungen dar. Man hat absichtlich nicht einen Standard gewählt, der aus den Ergebnissen der besten und zuverlässigsten Sampler abgeleitet werden könnte, um den jungen Probenehmern die Erreichung des Standards nicht zu schwer zu machen.

Daß die Geschicklichkeit und Zuverlässigkeit des Probenehmers bei der Probenahme eine ganz erhebliche Rolle spielt, geht aus den Ergebnissen der Darstellung in den Abb. 4 und 5 hervor. Die unterschiedlichen Abweichungen in zwei verschiedenen Reefs (South Reef und Main Reef Leader) auf Grund von 559 bzw. 504 Kontrollbemusterungen der gleichen Probenehmer lassen sich aus der Abb. 6 ablesen.

Die Kontrollkarte ist nicht nur geeignet, die Arbeit der Abteilung Probenahme zu kontrollieren, sondern gibt auch, da regelmäßige Kontrollen der Probierabteilung (assay office) stattfinden, gleichzeitig einen Überblick über die Zuverlässigkeit der Probenuntersuchung und somit der gesamten Bewertung der Vorräte. Außerdem ist sie ein wertvolles Hilfsmittel für grundsätzliche Untersuchungen verschiedenster Art. Sie ist deshalb bei den meisten südafrikanischen Goldgruben zur Betriebskontrolle eingeführt.

Als Hinweis auf die Verteilung der Goldwerte in den Reefs war es vor 1939 üblich und ist auch neuerdings von zwei Mining Groups wieder eingeführt worden, in den Abbaurissen die Punkte der Probenahme und die entsprechenden in-dwt- (inch × pennyweight = 2,54 cm × 1,5552 g/ 0,9072 t = 4,35 cm × g/t) Werte einzutragen und durch Einzeichnung von Konturlinien in zweckmäßigen Intervallen bevorzugte Richtungen in der Verteilung der Goldablage-

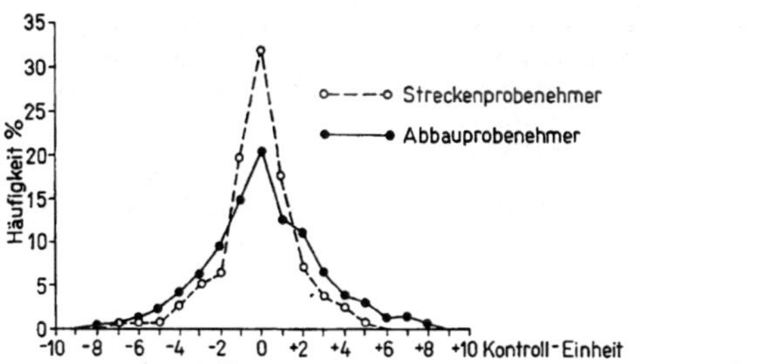

Abb. 5. Häufigkeitsverteilung der Ergebnisse von 153 Kontrollbemusterungen von Streckenprobenehmern und 351 Kontrollbemusterungen von Abbauprobenehmern im Horizont des Main Reef Leader einer Goldgrube (nach Rowland & Sichel 1960)

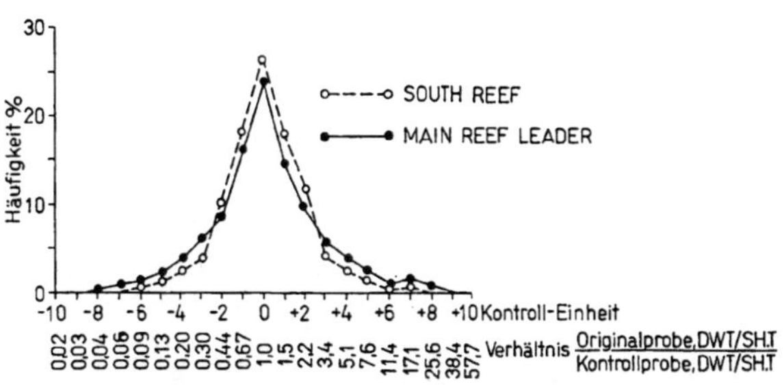

Abb. 6. Häufigkeitsverteilung der Ergebnisse von 559 Kontrollbemusterungen im South Reef und von 504 Kontrollbemusterungen im Main Reef Leader einer Goldgrube (nach Rowland & Sichel 1960)

rungen herauszuarbeiten. In einigen Gruben konnten solche, pay shoot genannten Anreicherungszonen in sonst unbauwürdigen Revieren mit Vorteil selektiv abgebaut werden.

Es ist in den tiefen Gruben des Witwatersrand eine bekannte Erscheinung, daß sich in den Abbauen das Hangende sehr bald senkt und das Liegende hebt. Durch eingehende Versuche ist festgestellt worden, daß sich die Abbauhöhe im ersten Monat nach dem Schießen um eine Entfernung verringert, die zwischen dem Bruchteil eines Zolls bis zu 10 Zoll schwanken kann, wobei die Rate der Verringerung der Abbauhöhe in der ersten Woche größer ist als später. Das Ausmaß der Absenkung des Hangenden und der Hebung des Liegenden hängt von vielen Faktoren ab. Tiefenlage des Abbaus, Art und Beschaffenheit der umschließenden Schichten, Spannweite der abgebauten Flächen, Größe der unverritzten Blöcke, Nähe von Störungen, Gesteinsgängen und Grubenräumen sowie der Abbaufortschritt sind die wichtigsten. Der Abbaufortschritt liegt meistens bei 10 bis 12 ft in einem Monat. Da bei der Probenahme die Abbauhöhe einmal am Abbaustoß und zur Berücksichtigung von Veränderungen 5 ft zurück gemessen wird, hat es sich nach eingehenden Versuchen zur Berücksichtigung der inzwischen eingetretenen Verringerung der Abbauhöhe als richtig erwiesen, die 5 ft zurückgemessene Abbauhöhe um 3 Zoll zu erhöhen. Dadurch ergibt sich ein wesentlicher Schritt zum Angleich der berechneten Menge des gebrochenen Erzes an die tatsächlich an die Aufbereitung gelieferte Erzmenge. Bei einer mittleren Abbauhöhe von 50 Zoll würde sich eine Erhöhung der immer zu gering ausfallenden berechneten Menge des gebrochenen Erzes um 6% ergeben.

Einen weiteren Schritt zur Übereinstimmung der berechneten Menge des gebrochenen Erzes mit der Gesamtförderung stellt die Berücksichtigung der mitgeförderten Berge dar. Die als Berge aus dem Liegenden und Hangenden zur Förderung gelangenden Haufwerksmengen sollen selten geringer als 3% der Gesamtförderung sein und wirken sich in einer Verringerung des Goldgehalts des Rohhaufwerks gegenüber dem geplanten Soll-Gehalt aus.

Das Verhältnis des nach den Bemusterungsergebnissen in den abgebauten Erzen theoretisch enthaltenen Goldinhalts zu dem ausgebrachten Goldinhalt spielt als Mine Call Factor in der Gewinnung der Golderze und ihrer Verarbeitung sowie in der Ökonomie der Goldgruben eine sehr wichtige Rolle, da es bei sachgemäßer Ermittlung unbedingt die Schwächen eines Betriebs aufzuzeigen in der Lage ist.

Da zwischen Gewinnung und Verarbeitung der Golderze eine Zeitdifferenz besteht, die sich nicht ausgleichen läßt, dürfen die monatlichen Abweichungen des Mine-Call-Faktors nicht überbewertet werden. Jedoch geben schon die Quartalsmittelwerte und noch mehr die Halbjahrs- und Jahreswerte

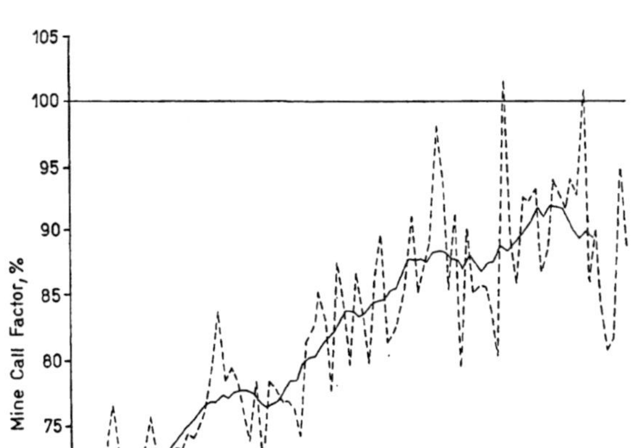

Abb. 7. Mine Call Factor der Durban-Roodepoort-Deep-Goldgrube. Monatswerte und progressiver Mittelwert über 12 Monate (nach SICHEL & ROWLAND 1961)

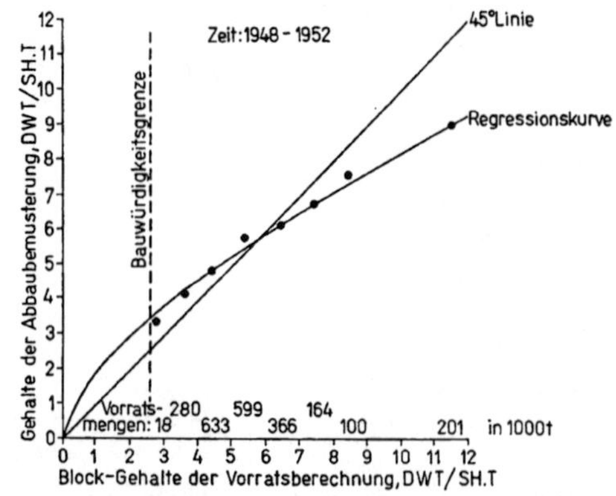

Abb. 8. Vergleich zwischen den Soll-Gehalten der Vorratsblöcke und den Ergebnissen der Abbaubemusterung im Main Reef Leader der Rand-Leases-Goldgrube (nach SICHEL & ROWLAND 1961)

einen gedämpften Vergleichswert. Um die Richtung des Kurvenverlaufs besser erkennen zu können, verwendet man den progressiven Mittelwert aus den sechs vorhergehenden und sechs folgenden Monaten, so daß sich ein monatlich ausgeglichener Wert ergibt, wie die Abb. 7 zeigt. Am Beispiel von Abb. 7 wird nachgewiesen, daß auf einer Grube in 5jähriger Untersuchungsarbeit der Mine Call Factor von 72% auf etwa 90% gebracht werden konnte. Dabei wird in Anbetracht der vielen möglichen Goldverluste in den Abbauen und bei der Goldextraktion selbst im günstigsten Falle ein Mine Call Factor von höchstens 93—95% für möglich gehalten.

Schon vor einer Reihe von Jahren erkannte man, daß die Festlegung einer einzigen mittleren Bauwürdigkeitsgrenze für eine Grube nicht in jeder Hinsicht ausreichend war. Eine Reihe von Gruben arbeitet deshalb heute auf Grund genügend genauer Kostenermittlungen mit zwei und mehr Bauwürdigkeitsgrenzen für die entsprechenden Grubenreviere. Eine große Grube verwendet sogar 12 verschiedene Bauwürdigkeitsgrenzen für ihre 12 Grubenreviere.

Interessant sind die neueren Auffassungen über die Bewertung von Vorratsblöcken. War man früher im allgemeinen der Ansicht, daß die Erzreserven von vier Seiten umfahren sein müßten, so werden heute auch viele Blöcke mit einer Bemusterung von drei Seiten, gelegentlich nur von zwei oder gar nur einer Seite in die Erzreserven einbezogen. Von der einfachen Anwendung des arithmetischen Mittels der randlichen Bemusterungsergebnisse für die Ermittlung des Blockgehalts ist man zugunsten einer Bewertung abgegangen, welche die natürliche Verteilung der Goldgehalte besser berücksichtigt.

Immer wieder wurde versucht, Erfahrungswerte festzustellen, um die Bemusterungsergebnisse mit dem ausgebrachten Gold in Beziehung zu bringen. Die Anwendung statistischer Methoden ist der neueste Versuch, zu immer besseren und verläßlicheren Berechnungen und Beurteilungen der Erzvorräte zu kommen.

Besonders bemerkenswert ist die Erfahrung, welche man aus der intensiven Bemusterung während des Abbaus für den Vergleich der sich aus der randlichen Bemusterung der Blöcke ergebenden mittleren Soll-Gehalte der Vorratsberechnung mit den aus der Abbaubemusterung hervorgehenden mittleren Gehalten gewinnen konnte. Durch die Auswertung der Ergebnisse von zwölf Gruben mit verschiedenen Reef-Horizonten wurde festgestellt, daß bei den geringen Goldgehalten von 3 bis 5, 5 dwt/sh t die durch die Abbaubemusterung gefundenen Goldgehalte etwas über den mittleren Soll-Gehalten der Blöcke lagen, während sich bei den Goldgehalten über 6 dwt/sh t umgekehrt etwas unter den Soll-Gehalten liegende Werte ergaben (Abb. 8). Man hat diese Erscheinung aus der statistischen Verteilung einzelner hoher Goldwerte in den Blöcken mit guten Goldgehalten erklären können und als Regressionseffekt bei der Bewertung der Erzreserven weitgehend mit berücksichtigt.

Interessante Ergebnisse brachte auch die Bemusterung des gebrochenen Haufwerks beim Abziehen aus den

Tabelle

		Juni 1959		Juli 1959	
		Schlitz-probe	Hauf-werks-probe	Schlitz-probe	Hauf-werks-probe
37 – 8 E Main Reef W 3					
Goldgehalt	dwt/sh t	6,3	5,2	–	4,7
Reef-Mächtigkeit	Zoll	52	–	–	–
Abbau-Höhe	Zoll	91	–	–	–
40 – 4 E Main Reef Leader E 3					
Goldgehalt	dwt/sh t	4,2	3,3	5,0	8,4
Reef-Mächtigkeit	Zoll	7	–	6	–
Abbauhöhe	Zoll	36	–	35	–

Rollen in die Förderwagen, woraus sich gleichfalls die außerordentlich starken Schwankungen in den Goldgehalten innerhalb eines beschränkten Abbaubereichs erkennen lassen. Es wird dabei von jedem Förderwagen eine bestimmte Probenmenge entnommen. Diese werden zu einem täglichen Sammelmuster vereinigt und nach entsprechender Zerkleinerung heruntergeviertelt. Offensichtlich ergibt der Mittelwert aller täglich entnommenen Haufwerksproben einen besseren Begriff vom mittleren Goldgehalt der Grubenförderung eines Monats als das Mittel der monatlichen Schlitzbemusterung der Abbaufronten, weil die täglichen Fortschritte des Abbaus dadurch besser erfaßt werden. Durch Bildung von progressiven Mittelwerten läßt sich die Tendenz der Veränderung in den Gehalten ablesen (Abb. 9). Aus den ziemlich erheblichen Schwankungen der Bemusterung des Haufwerks ist abzuleiten, daß eine an einer eng begrenzten Stelle der Abbaufront genommene Schlitzprobe im allgemeinen für die in ihrem Wirkungsbereich während eines Monats gewonnene Haufwerksmenge absolut unrepräsentativ sein wird. Der

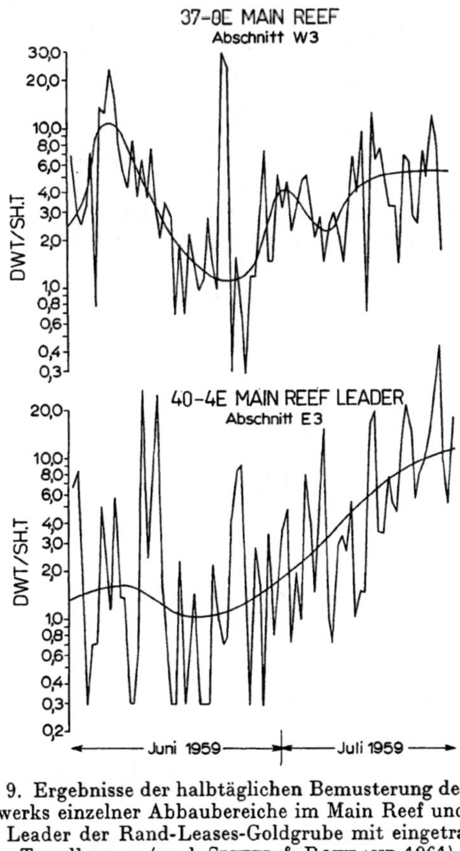

Abb. 9. Ergebnisse der halbtäglichen Bemusterung des Rohhaufwerks einzelner Abbaubereiche im Main Reef und Main Reef Leader der Rand-Leases-Goldgrube mit eingetragenen Trendkurven (nach Sichel & Rowland 1961)

Ausgleich wird sich nur über die Vielzahl der Proben ergeben, wenn eine statistische Auswertung vorgenommen wird.

Die Monatsmittel der in der Abb. 9 dargestellten halbtäglichen Mittelwerte der Goldgehalte zweier Abbaubereiche lassen im Vergleich mit der Schlitzprobenahme Vergleichswerte erkennen, wie sie sich aus der Tabelle ergeben.

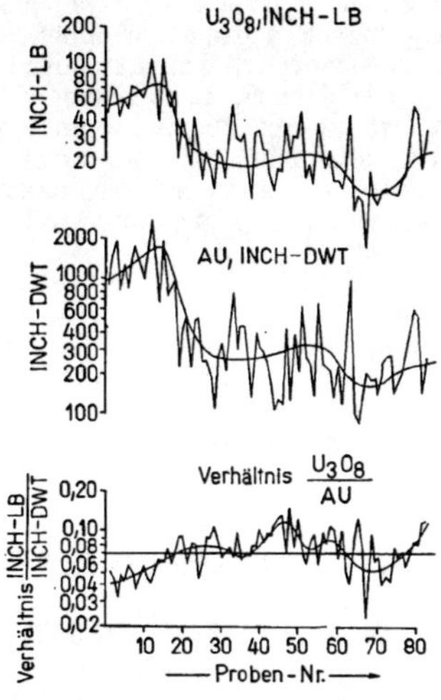

Abb. 10. U_3O_8- und Au-Werte sowie Verhältnis U_3O_8 : Au in einem Steigort der Harmony-Goldgrube mit eingetragenen Trendkurven (nach Sichel & Rowland 1961)

Es ist genetisch interessant, daß in vielen Reef-Horizonten — wenn auch nicht in allen — die Gold- und die Urangehalte ungefähr parallel laufen. Das geht sehr deutlich aus einem Beispiel hervor, das aus einem Überhauen der Grube Harmony im Oranjo Freistaat stammt (Abb. 10). Es ist zu beobachten, daß sich sogar in Einzelheiten eine überraschende Gleichmäßigkeit der Gehaltsschwankungen ergibt. Allerdings ist aus dem in der Abb. 10 unten aufgezeichneten Verhältnis von inch-lb U_3O_8 : inch-dwt Au, das zwischen 0,04 und 0,12 schwankt, zu ersehen, daß man den Bemühungen, die Ermittlung der Goldgehalte über die Bestimmung der U_3O_8-Gehalte mittels eines Geiger-Müller-Zählers indirekt vorzunehmen, zunächst noch skeptisch gegenüberstehen muß. Immerhin besteht die Möglichkeit, nach Klärung der Zusammenhänge in gewissen Grubenrevieren einen Teil der sehr kostspieligen Probenahme und des Probierens (assaying) durch die wesentlich billigeren und einfacheren Radiometermessungen ersetzen zu können. Die Untersuchungen sind jedoch noch nicht abgeschlossen.

Ganz offensichtlich haben die Untersuchungen der letzten zehn Jahre im südafrikanischen Goldbergbau eine Reihe neuer Erkenntnisse über die Verteilung der Goldgehalte, die Zuverlässigkeit der Probenahme und die Kontrolle der Bemusterung ergeben. Die statistische Auswertung der Bemusterungsergebnisse findet auch in anderen Bergbauzweigen und anderen Ländern Eingang.

Zusammenfassung

Als ein neuer Beitrag zu der Frage der Verteilung der Gehalte in Lagerstätten werden die Fortschritte bei der Bemusterung und Bewertung im südafrikanischen Goldbergbau in einer kurzen Übersicht mitgeteilt. Die Verbesserung der Qualität der Probenahmen durch große Versuchsreihen und die Feststellung der Abweichungen von Mittelwerten sowie durch die Methodik der Kontrollbemusterung unter Verwendung von Kontrollkarten und Ermittlung des Verhältnisses von theoretischem zu ausgebrachtem Goldinhalt (Mine Call Factor) werden beschrieben. Diagramme über die Original- und Kontrollwerte der zahlreichen Doppelproben einer Grube sowie über den Vergleich der Werte mehrerer Gruben ergänzen den Bericht über diese Methodik und verdeutlichen sie.

Резюме

В качестве нового вклада к вопросу распределения содержания руд в месторождениях в кратком обзоре сообщаются новые результаты опробования и оценки южноафриканских золотых приисков. Описывается улучшение качества опробования путем массовых анализов и определения отклонений от средних значений, а также методикой контрольного опробования применением контрольных карточек и определением соотношения теоретического и фактического содержания золота (Mine Call Factor). Сообщение этой методики дополняется и уточняется диаграммами оригинальных и контрольных значений многочисленных двойных проб одного прииска, а также изображениями для сравнения значений нескольких приисков.

Summary

Progress made by South African gold mines in sampling and evaluation is briefly outlined as a new contribution to the problem of gold content distribution in deposits. The description includes quality improvements of sampling by means of comprehensive test series, the determination of differences from mean values, the technique of control sampling using control cards, and the determination of the ratio between theoretical and gold content yielded (mine call factor). The report of the technique described is completed and illustrated by diagrams representing original and control values of numerous double samples of a mine, as well as by a comparison of values of several mines.

Literatur

Krige, D. G.: Developments in the valuation of gold mining properties from borehole results. — 7. Commonw. Min. a. Met. Congr. Johannesburg, Preprint, 20 S., Apr. 1961.

Rowland, R. St. J. & H. S. Sichel: Statistical quality control of routine underground sampling. — Journ. S. Afr. Inst. Min. a. Met., 251—284, Jan. 1960.

Sichel, H. S. & R. St. J. Rowland: Recent advances in mine sampling and underground valuation practice in South African gold fields. — 7. Commonw. Min. a. Met. Congr. Johannesburg, Preprint, 22 S., Apr. 1961.

Stammberger, F.: Zur Verteilung der Gehalte in Lagerstätten und zu den Charakteristiken der Verteilung. — Z. angew. Geol., 3, H. 8/9, 364—368, 1957.

— Über die Aussagekraft von Erkundungsbohrungen. — Z. angew. Geol., 9, H. 5, 243—248, 1963.

Zur Ermittlung disjunktiver Störungen durch hydrodynamische Untersuchungen[1]

I. G. Stjopin, Moskau

Die disjunktiven Störungen bilden wichtige Besonderheiten im geologischen Bau der Öl- und Gaslagerstätten. Ihre rechtzeitige Ermittlung spielt sowohl bei der Projektierung der betrieblichen Erkundung als auch des rationellen Abbaus der Öllagerstätten eine große Rolle.

Die Ermittlung der Genese von Bruchstörungen wird beim Aufdecken der Geologie einer Erdöllagerstätte helfen; sie wird es ferner gestatten, die mögliche Ölführung sowohl einzelner Strukturen als auch ganzer Gebiete objektiv zu beurteilen und die betriebliche Erkundung richtig zu lenken. Die vorherrschenden Formen disjunktiver Störungen sind Verwerfungen und Blattverschiebungen in verschiedener Kombination.

Disjunktive Störungen erreichen häufig erhebliche Ausmaße, erfassen nicht nur einzelne Schichten und Schichtpakete, sondern auch ganze stratigraphische Komplexe und dienen als Aufstiegswege für die vertikale Migration der Gase, des Öls und des Wassers.

Submarine, mit disjunktiven Brüchen und einer ganzen Reihe miteinander zusammenhängender Spalten in Verbindung stehende Ausbisse von Kohlenwasserstoffen sind in vielen Teilen des Kaspischen Meeres bekannt, z. B. bei Bibi-Eibat. Erhebliche Gasaustritte ähnlichen Charakters gibt es auch im südlichen Daghestan. Unter ihnen stellen die „Daghestanischen Feuer" ein spezielles Exploitationsgebiet dar.

Nach den Angaben von W. D. Golubjatnikow (1932) und anderen Wissenschaftlern stellt dieses Gebiet eine asymmetrische kuppelförmige Aufwölbung dar, die durch Störungen disjunktiven Charakters kompliziert wird. Solche kommen nicht nur in Geosynklinalgebieten vor, sondern auch auf Tafeln.

In den Jahren 1957—1959 wurden in den Gebieten Kuibyschew und Orenburg von K. B. Aschirow (1957, 1959a, 1959b), A. G. Tatarinow (1958) und A. M. Karapetow (1957, 1958a, 1958b, 1959, 1960) durch Untersuchung von Bohrungen eine Reihe von Störungen gefunden: Es handelt sich um die Störungen von Shiguli, Jushno-Shiguli, Pokrowsk, Krasnojarsk, Muchanowsk, Tschernowsk, Kalinowsk, Sagljadinsk, Sultangulowsk, Tarchansk, Baitugan, Michailowsk, Kusnezowsk, Sadkinsk, Beloosero, Repjowsk, Jablinowo, Gorodezk, Nikulinsk, Jakuschkinsk und Gorjko-Owrag. Auf den Strukturen wurden insgesamt 16 synthetische und 11 antithetische Verwerfungen festgestellt.

Eine zusätzliche Bestätigung der Anwesenheit dieser Störungen könnte man mit hydrodynamischen Untersuchungen erhalten.

Die Ermittlung der disjunktiven Störungen muß bereits im Stadium der betrieblichen Erkundung einer Öllagerstätte erfolgen und ist bei der Ausarbeitung des technologischen Schemas für den Abbau zu berücksichtigen. Zur Klärung der jeweiligen Besonderheiten von Lagerstätten muß das vollständige Profil eingehend studiert werden, wobei die gesamten Erkenntnisse geologischer, geophysikalischer, theoretischer, bohrtechnischer, aber auch hydrodynamischer Untersuchungen einzubeziehen sind.

Beim Studium der Geologie einer Lagerstätte gilt die Hauptaufmerksamkeit sehr häufig nur den einzelnen Speichern, während der übrige Teil des Profils wenig untersucht wird, was von Grund auf falsch ist.

Es sollen einige Untersuchungsergebnisse betrachtet werden, die in Erdöllagerstätten eine Reihe disjunktiver Störungen nachweisen.[2])

Im Zusammenhang mit dem Fluten einer Reihe von Erdöllagern erfuhr im Jahre 1938 die Hydroerkundung

---

[1]) Überschrift des Originaltextes: „Über die Möglichkeit der Anwendung hydrodynamischer Untersuchungen zur Ermittlung disjunktiver Störungen." (Im Artikel mit „Hydroerkundung" bezeichnet.)
Aus: „Wissenschaftlich-technischer Sammelband über Erdölgewinnung", H. 18, Gostoptechisdat, Moskau 1962. Übers.: W. Oestreich, Berlin.

[2]) Methodische Einzelheiten der „Hydroerkundung" sind den Arbeiten des gleichen Verf. in unserer Zeitschrift zu entnehmen: 8, S. 632—636, und 9, S. 148—151.

eine besonders intensive Entwicklung. Im Jahre 1947 wurde im Ölgebiet von Nowy Grosny mit ihrer Hilfe eine große Anzahl undurchlässiger Grenzen (Störungen) ermittelt, die mit geologischen Methoden allein nicht nachgewiesen werden konnten (JAKOWLEW 1953). So wurde z. B. auf diese Art im Gebiet von Oktjabrsk die Lage der Verwerfung A—B genauer festgelegt (Abb. 1).

Ein Wort zu diesem Beispiel: Die Kurven zeigten, daß der Horizont XXII im Bereich der Bohrungen 59 und 60 in direkter Wechselbeziehung mit der Schicht im Bereich der Bohrung 58 steht, wie das nach der Karte erwartet werden mußte. Bohrung 62 hat entgegen der Karte das Vorhandensein einer ununterbrochenen Schicht nicht bestätigt und keine direkte Welle zur Bohrung 58 „entsandt", ebenso wie das die anderen, hinter der Verwerfung A—B liegenden Bohrungen, ebenfalls nicht taten.

Die weitere Untersuchung zeigte, daß die Bohrung 62 mit den Bohrungen 63 und 64 in Zusammenhang steht, die hinter der Verwerfung A—B das von der Hydroerkundung nachgewiesene, sogenannte kleine zentrale Reservoir ausbeuten.

Aus diesem Grund war die Verwerfung A—B im Bereich der Bohrung 62 auf der Karte in südlicher Richtung aus der punktiert angegebenen Lage in die durch eine durchgezogene Linie angegebene zu verschieben. Bohrung 62 erwies sich als von dem „Keil" abgetrennt und konnte kein Öl aus dem Bereich des „Keils" fördern. Um den „Keil" zu entölen, wurde die Bohrung 153 abgeteuft. Sie begann mit guter Anfangsproduktion aus dem Horizont XXII des „Keils". So wurde die Hydroerkundung erfolgreich zur genauen Festlegung der Verwerfung A—B angewandt.

Ein anderes Beispiel für die erfolgreiche Anwendung dieser Methode bildet der Nachweis einer Störung im Bereich der Bohrungen 2 und 3 im Horizont XXII von Oktjabrneftj (JAKOWLEW 1953), wodurch die geologischen Unterlagen wesentlich ergänzt werden konnten.

Durch die Hydroerkundung wurde auch eine bisher unbekannte meridionale Verwerfung in dem Gebiet festgestellt, in dem die Achse der Struktur Oktjabrskaja den Fluß Argun quert.

1955 und 1956 wurden im Gebiet der Lagerstätten um Saratow Hydroerkundungsarbeiten durchgeführt, die es gestatteten, den geologischen Bau eines der Produktionshorizonte im Devon genauer zu erfassen. Seine detaillierte Untersuchung ergab, daß dieser Horizont entweder erodiert oder gestört ist. Das mußte später durch die Hydroerkundung überprüft werden (BORISSOW 1957).

1957 und 1958 wurde in einem Rayon des Gebiets Kaluga beim Aufsuchen einer günstigen Struktur für die UT-Gasspeicherung in kambrischen Schichten in einer Teufe von 900 m eine Struktur gefunden, die sich jedoch durch antithetische Verwerfungen gestört erwies (Abb. 2). Diese Störungen wurden durch Bohrungen festgestellt und durch die Ergebnisse der Hydroerkundung bestätigt (KOROTSCHKIN 1960).

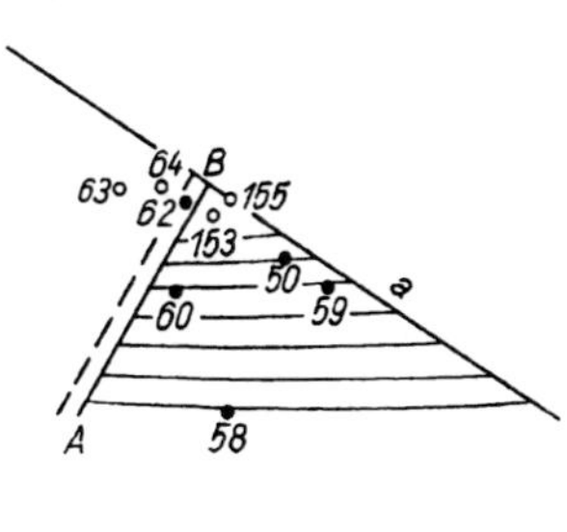

Abb. 1. Schematische Karte des Horizonts XXII mit der nachgewiesenen Verwerfung A—B (nach Angaben von W. P. JAKOWLEW)

a — Verwerfung

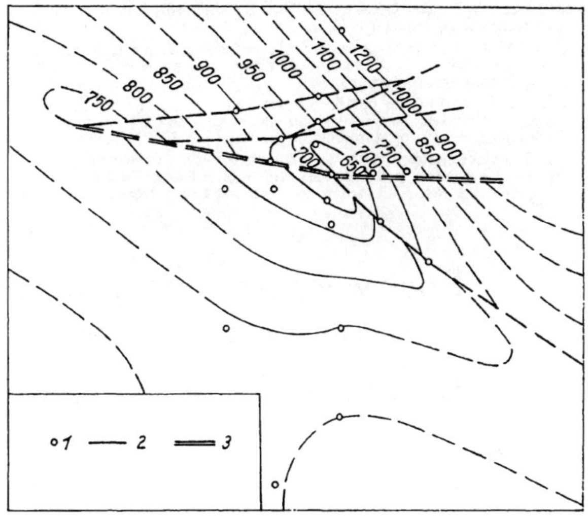

Abb. 2. Strukturschema der Kaluga-Aufwölbung nach dem Hangenden des kambrischen Gdowsk-Horizonts

1 — Bohrungen, 2 — antithetische Verwerfungen, 3 — synthetische Verwerfungen

Die durchgeführten Untersuchungen gestatteten es, eine Reihe tektonischer Brüche in der sedimentären Schichtenfolge einiger öl- und gasführender Gebiete zu ermitteln oder zu bestätigen. Hydrodynamische Untersuchungen, zusammen mit einer eingehenden geologischen Untersuchung der Öllagerstätten, sind folglich in der Lage, die Frage nach dem Nachweis der verschiedenen disjunktiven Störungen innerhalb der Ölhorizonte zu lösen.

Folgerungen

1. Disjunktive Störungen spielen bei den Vorgängen der Herausbildung von Strukturen und vielschichtigen Öl- und Gaslagerstätten eine wichtige Rolle.

2. Hydrodynamische Untersuchungen der einzelnen Öl- und Gaslager bilden eine geeignete Methode für den Nachweis oder die Bestätigung disjunktiver Störungen.

3. Für einen solchen Nachweis müssen die hydrodynamischen Untersuchungen auf der Grundlage eines eingehenden Studiums der Geologie des Gebiets durchgeführt werden.

4. Besonders wichtig ist der Nachweis disjunktiver Störung im Stadium der betrieblichen Erkundung einer Lagerstätte. Ihre Ergebnisse beeinflussen die Vollständigkeit der Einschätzung gewinnbarer Öl-(Gas-)Vorräte, die Anfertigung technologischer Projekte für den Abbau und die Finanzierung.

5. Zur Einführung hydrologischer Untersuchungsmethoden in die Praxis von Erkundung und Ausbeutung der Öllagerstätten müßten in den Erkundungsbetrieben spezielle Hydroerkundungsgruppen geschaffen werden.

Literatur

ABRAMOWITSCH, M. W.: Aufsuchen und Erkunden von Öl- und Gaslagern. — Gostoptechisdat, Moskau 1948.

APRESSOW, S. M.: Die Rolle der disjunktiven Dislokationen in Öllagerstätten. — Asnefteisdat (1947).

ARCHANGELSKI, A. D.: Der Geologische Bau der UdSSR. — Geologoraswedisdat (1932).

ASCHIROW, K. B.: Ein interessantes Beispiel für eine disjunktive Störung auf einer Tafelstruktur. — Geologija nefti, Nr. 4 (1959a).

— Die Bildungsverhältnisse der Öllagerstätten im Wolgagebiet um Kuibyschew. — Trudy Giprowostokneftì, H. 2 (1959b).

ASCHIROW, K. B. & A. M. KARAPETOW: Neue Daten über den geologischen Bau der Lagerstätte Jablonowoj. — Nowosti neftj. techn., Nr. 3 1957).

BORISSOW, J. P.: Die Vervollkommnung der hydrodynamischen Methoden zur Untersuchung von Schichten und Bohrungen auf den Lagerstätten Tatariens und des Wolgagebietes. — Bericht zu Thema 27 für das Jahr 1956, Fonds des WNII, Moskau 1957.

GOLUBJATNIKOW, W. D.: Die Naturgase Daghestans. — GONTI (1932).

GUBKIN, I. M.: Die Lehre vom Erdöl. — Gostoptechisdat, Moskau 1937.

JAKOWLEW, W. P.: Die hydrogeologische Erkundung von Öl- und Gashorizonten. — Gostoptechisdat, Moskau 1953.

JAKOWLEW, W. P.: Der Operator zur Untersuchung von Ölbohrungen. — Gostoptechisdat, Moskau 1959.
KARAPETOW, A. M.: Zur Frage des Charakters des Erdöllagers in der Lagerstätte Tarachany. — Nautschnotechnitsch. sb. po dobytsche nefti, Nr. 4, Gostoptechisdat (1958a).
— Zur Frage der Bildung der Strukturen und der Gaslager in den permischen Schichten der Hebung der Bolschekinelsker Dislokation. — Geologija gasowych mestoroshdenij (sb. statej) GOSINTI (1959).
— Die Entwicklungsgeschichte der Strukturen und die Formierung der Öl- und Gaslager in paläozoischen Schichten auf dem Territorium des Wolgagebietes um Kuibyschew und im westlichen Teil des Gebiets Orenburg. — Dissertation; Fonds des WNII beim Staatlichen Wirtschaftsrat, Moskau 1960.
KARAPETOW, A. M. & A. G. TATARINOW: Die Ergebnisse des Erkundungsbohrens auf dem Nikulinsker Feld. — Now. neftj. techn., Nr. 3 (1958b).
KOROTSCHKIN, M. S.: Über die Einzelheiten des geologischen Baus der Nordabdachung der Moskauer Syneklise. — Geologija nefti, Nr. 11 (1960).
PAWLOW, A. P.: Samarskaja Luka und Shiguli. — Trudy geologitscheskogo komiteta, Nr. 5 (1887).
SAMJATIN, A. N. & A. W. NETSCHAJEW: Geologische Untersuchungen im nördlichen Teil des Gouvernements Samara. — Geologitscheski westnik, Bd. 1, (1959).

Über weichselinterstadiale Beckenschluffe und Bändertone nordöstlich von Schwerin[1)]

ULRICH KRIEBEL, Halle (Saale)

I. Vorbemerkung

In den Jahren 1957 und 1962 wurden stratigraphisch-genetische Untersuchungen an Bändertonen in Mecklenburg durchgeführt, die eine Kenntnislücke in der Pleistozänstratigraphie dieses Gebietes schließen sollten. Da die Untersuchungsergebnisse zur Kenntnis der pleistozänen Entwicklung beitragen, erscheint eine Mitteilung darüber gerechtfertigt.

II. Methodik

Neben einer Spezialkartierung im Maßstab 1:25000 mittels 2-m-Handbohrungen wurden feinstratigraphische Profilaufnahmen durchgeführt. Mit der DE GEERschen Methode konnten Warvendiagramme gewonnen werden. Ferner erfolgten Korngrößenbestimmungen nach KÖHN, Bestimmungen des Kalkgehaltes nach SCHEIBLER, der geologischen Vorbelastung der Sedimente durch das Eis nach DÜCKER und des Fossilmaterials.

III. Geologische Verhältnisse

Das engere Arbeitsgebiet liegt in der Wariner Mulde zwischen den beiden großen Baltischen Endmoränen, dem Stadium D im Süden und dem Stadium E im Norden. Der stark bogenförmige Verlauf des Stadiums E ist auf die Einwirkung des alttertiären Hochgebietes der Diedrichshäger Berge bei Bad Doberan auf den Eisvorstoß zurückzuführen (v. BÜLOW, 1952, S. 19). Zwischen den beiden großen Endmoränen liegen bei Brüel die Reste der Brüeler Staffel (Abb. 1).

An die Randlage des Pommerschen Stadiums schließt sich nach Süden eine mehr oder weniger stark gegliederte Sanderfläche an, die etwa bei Blankenberg nahezu erodiert ist. Nach Süden anschließend streichen die Blankenberger Beckenschluffe in einer Breite von fast 1,5 km in NW—SE-Richtung zutage aus. In dem durch Depressionen reich gegliederten Gebiet um Brüel tritt, teilweise von Sanden überdeckt, ein weiteres Bändertonlager zutage. Die südliche Begrenzung des engeren Arbeitsgebietes bildet die Brüeler Staffel, die, aus Geschiebemergel und vornehmlich Kiessanden bestehend, morphologisch als Hügelrücken in Erscheinung tritt (Abb. 2). Zahlreiche im Spätpleistozän angelegte, im Holozän weiter vertiefte und mit Sedimenten (Moorerde, Flachmoortorf) ausgefüllte, im wesentlichen Nord—Süd streichende Depressionen geben dem Gebiet die morphologische Prägung.

A. Die Beckenschluffe des Sandergebietes

Südöstlich der Ortschaft Warin befindet sich eine jetzt auflässige Ziegeleigrube, in der unter einer 8—10 m mächtigen Kiessandfolge des vor dem Stadium E liegenden Sanders Teile eines durchschnittlich 7 m mächtigen, undeutlich geschichteten braunen und blaugrauen Schluffs abgebaut wurden. Diese Schluffe liegen auf Geschiebemergel, dessen Oberfläche flachwellig ist.

Profil der Ziegeleigrube Warin (August 1957):

0,15 m Sand,	braun, feinkörnig, humos
2,40 m Sand,	gelbweiß, feinkörnig, mit einer dünnen eisenschüssigen Grobsandschicht
0,50 m Sand,	gelb, fein- bis grobkörnig, feinkiesig, eisenstreifig, schräggeschichtet
2,00 m Sand,	fein- bis grobkörnig, kiesig, kreuzgeschichtet
2,00 m Sand,	grauweiß, fein- bis mittelkörnig, eisenstreifig, kreuzgeschichtet
0,75 m Schluff,	hellfleckigbraun, tonig

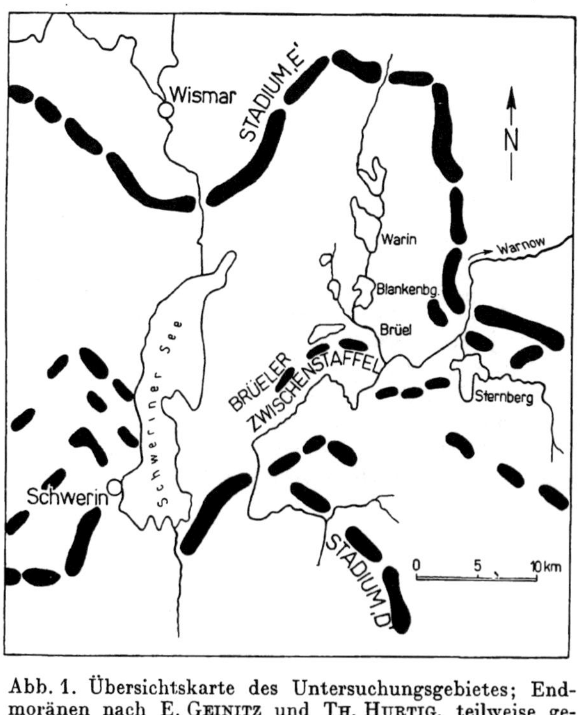

Abb. 1. Übersichtskarte des Untersuchungsgebietes; Endmoränen nach E. GEINITZ und TH. HURTIG, teilweise geändert

[1)] Eingang des Manuskripts in der Redaktion am 5. 12. 1962

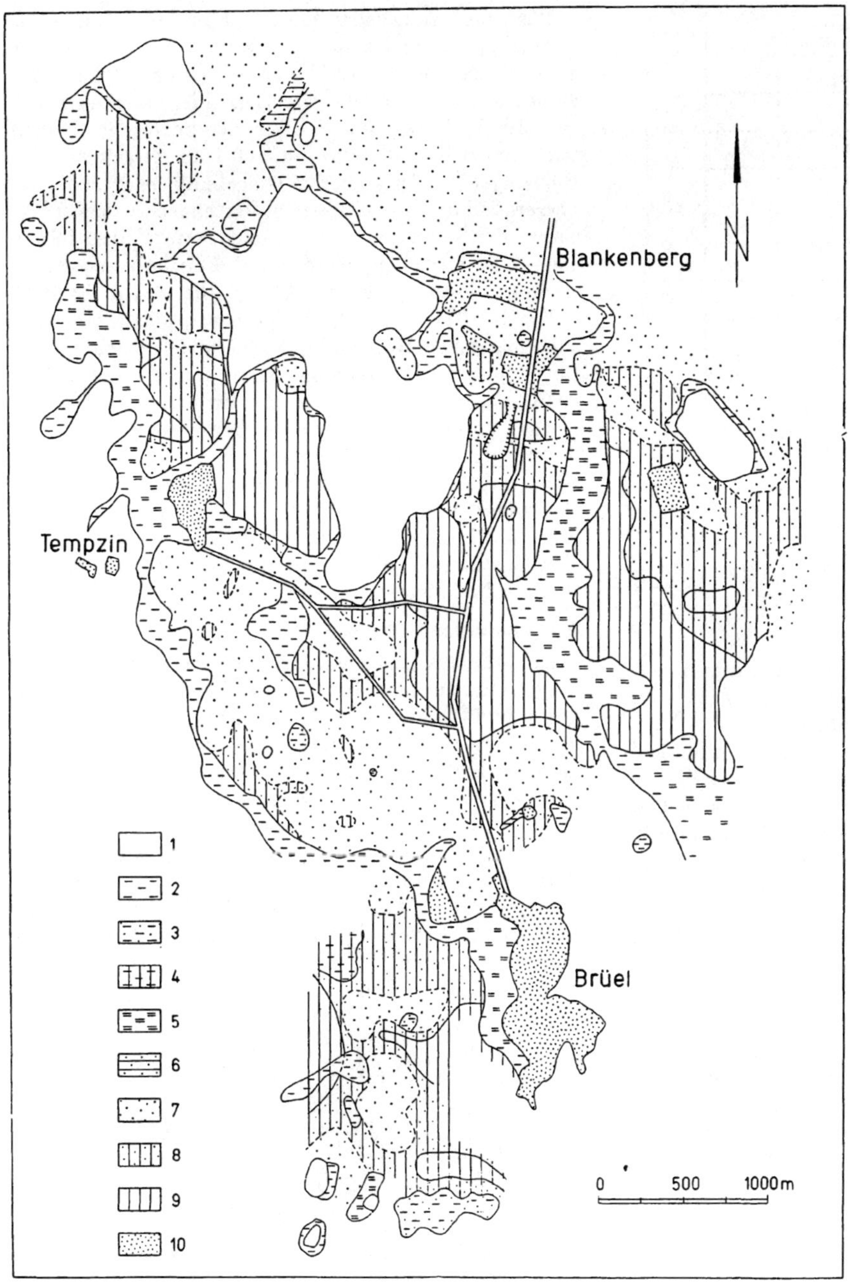

Abb. 2. Geologische Karte des Gebietes um Blankenberg

1 — Wasser, 2 — Moorerde, 3 — Moorerde über Sand, 4 — Moorerde über Ton, 5 — Flachmoortorf, 6 — Sand über Wiesenton, 7 — Sand, 8 — Sand über Ton, auch Bänderton, 9 — Ton, auch Bänderton, 10 — bebautes Gelände

0,40 m Schluff, hellgrau, mit eisenschüssigen Feinsandschmitzen
0,30 m Schluff, gelbbraun bis graubraun, tonig, schlierig
Im Liegenden: Schluff, blaugrau, tonig, fest

Das Profil zeigt die typische Wechsellagerung der fein- und grobkörnigen Sedimente des Sanders und die nur durch wenige Sandschmitzen angedeutete Schichtung des Beckenschluffes. Unter dem nach Süden in seiner Mächtigkeit abnehmenden Sander lassen sich die Beckenschluffe weiter verfolgen. So finden sich tonige Schluffe im Eisenbahneinschnitt an der Strecke Blankenberg—Warin (Dränageaushub), am Glammsee südlich Warin und in einer auflässigen Tongrube am Wege Eickelberg—Klein Görnow (nach E. Geinitz 1894). Ferner deuten in diesem Gebiet die zahlreichen Seen und sumpfigen Depressionen auf den nahen wasserstauenden Untergrund hin. Die Schluffe des Wariner Vorkommens und des Fundpunktes am Glammsee lassen sich auf Grund der petrographischen Ausbildung, der Kornverteilung und der Lagerungsverhältnisse miteinander parallelisieren (Abb. 3).

B. Das Vorkommen von Blankenberg

Bei Blankenberg und Tempzin noch von Sanderresten überlagert, streichen die Beckenschluffe südlich Blankenberg in weiten Flächen zutage. Die Beckenschluffe, deren Mächtigkeit zwischen 2 und 20 m schwankt, werden von Geschiebemergel und äquivalentem Sand mit flachwelliger Oberfläche unterlagert. Nach Brunnenbohrungen ergibt sich eine Abnahme der Mächtigkeit nach Süden. Bei Hof Brüel und der Neuen Siedlung nördlich Brüel ist durch das Auskeilen der Beckenschluffe das Südufer des Staubeckens anzunehmen.

Profil der Blankenberger Ziegeleigruben (August 1957):

0,25 m Sand, grau, feinkörnig, tonig
0,40 m Sand, grau, feinkörnig, schwach tonig, schwach eisenschüssig
0,60 m Schluff, grau, gebändert (hellgraue Schluffwarven und dunkelgraue stark schluffige Tonwarven), mit weißen Kalkkonkretionen und Muschelschalenresten und Schnecken
0,80 m Schluff, grau, gebändert wie zuvor, jedoch ohne Kalkkonkretionen
0,40 m Schluff, grau, tonig, mit max. 5 cm mächtigen Feinsandlagen und -schmitzen
0,25 m Sand, grau, fein- bis mittelkörnig, Zwischenmittel
3—6 m Schluff, braun, tonig, mit Schmitzen, Streifen, Bändern und Schlieren von Grobschluff und Feinsand
4—6 m Schluff, blaugrau, tonig, mit hellgrauen tonfreien rundlichen Schlufflinsen. Schichtungslos. Mit wenigen faust- bis kindskopfgroßen Magmatit- und Kreidegeröllen

Der hangende Bänderton besteht aus einer typischen Wechsellagerung von hellen sandigen und dunkleren tonigen Schluffwarven. Eine Feinschichtung innerhalb

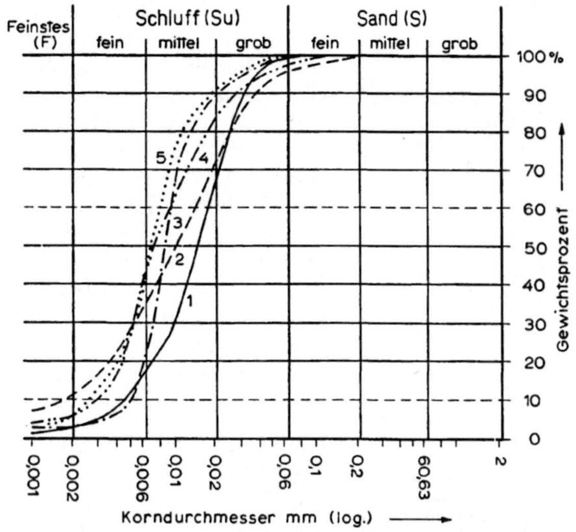

Abb. 3. Kornverteilungskurven der Beckenschluffe

1 – brauner Schluff, Ziegeleigrube Blankenberg; 2 – blaugrauer Schluff, Ziegeleigrube Blankenberg; 3 – brauner Schluff, Ziegeleigrube Sternberg; 4 – brauner Schluff, Ziegeleigrube Warin; 5 – Schluff vom Fundpunkt östlich des Glammsees

der Warven fehlt. Der Bänderton läßt sich dem Typ 1, dem skandinavischen Normaltyp der Einteilung K. RICHTERS (1953), zuordnen (Abb. 4).

Im hangenden Bänderton wurden 1957 zahlreiche Schalenbruchstücke von Muscheln, die der Familie der Unioniden zugehören, gefunden. A. LUDWIG gelang es 1959, beim Nachsammeln ein reicheres Fossilmaterial zu bergen, und zwar mehrere Exemplare von *Unio* sp., eine zum Formenkreis von *Pisidium obtusale* C. PFEIFFER gehörende Muschel und eine dem Formenkreis von *Valvata piscinalis* MÜLLER angehörende Schnecke, ferner „eine individuen- und relativ artenreiche Ostracodenfauna, darunter viele zweiklappige Exemplare" im Schlämmrückstand. „Die Fauna ist sicher autochthon, ihre Armut an Molluskenarten steht mit der geologischen Situation im Einklang, beides bezeugt einen kühlen Lebensraum" (A. LUDWIG 1960, S. 575). Für den kühlen Lebensraum spricht vor allem der skandinavische Bändertontyp, der diese Fauna enthält. Der hangende Bänderton wird von der liegenden tonigen Beckenschluffserie durch ein etwa 0,25 m mächtiges, deutlich geschichtetes Sandzwischenmittel getrennt. Das Zwischenmittel wird als Äquivalent der Grundmoräne des Eisvorstoßes gedeutet, der die Brüeler Staffel bildete.

Unter dem Zwischenmittel folgt die mächtige Serie des hauptsächlich zum Abbau kommenden braunen und blaugrauen Schluffes. Der braune, wenig tonige Schluff wird von zahlreichen Schmitzen, Bändern und Schlieren von meist eisenschüssigem Sand durchsetzt und erhält dadurch eine undeutliche Schichtung. Die für einen Bänderton fehlende gleichmäßige Warvenstruktur ist auf eine unruhige Sedimentation zurückzuführen. Mit dem braunen Schluff ist in der oberen Hälfte der Liegendserie ein blaugrauer toniger Schluff verknetet. Der blaugraue Schluff hat im Verhältnis zum braunen Schluff (3%) einen höheren Tongehalt (12%) (vgl. Abb. 3). Er enthält keine Feinsandschmitzen oder -bänder, lediglich zahlreiche rundliche hellgraue Schlufflinsen und stellt dadurch ein schichtungsloses Sediment dar.

Wird die Walzenstruktur dieser beiden Schluffe zur Normallage entzerrt, so nimmt der braune sandige Schluff den oberen, der blaugraue den unteren Teil des aufgeschlossenen Profils ein. Zum Liegenden verlieren sich die Walzenstrukturen. An der Sohle der Gruben tritt nur der blaugraue Schluff auf. Dies wird auch durch Bohrungen in der näheren Umgebung belegt. Die im oberen Teil der Liegendserie auftretenden Walzenstrukturen, die Südvergenz haben und deren Walzenachsen 160–170° streichen, werden auf Eisschub aus ENE-Richtung zurückgeführt (Abb. 5). Die von A. LUDWIG (1961, S. 107) in Erwägung gezogene Möglichkeit der subaquatischen Rutschung dürfte entfallen, da die dafür erforderliche Neigung der Geschiebemergeloberfläche nicht vorliegt. Durch die Ermittlung der geologischen Vorbelastung wird unter Berücksichtigung sämtlicher zusätzlich beeinflussenden Faktoren (spezifisches Gewicht der belastenden Eismasse, Gewicht der Sedimentüberlagerung usw.) die glazigene Natur der Walzenstrukturen gestützt. Es ergab sich eine geologische Vorbelastung der Sedimente durch eine Eismächtigkeit von rund 80 Metern.

C. Das Brüeler Bändertonlager

Ein weiteres Beckenschluffvorkommen ist durch die Ziegeleigruben bei Brüel aufgeschlossen. Es wird im Osten und Süden durch Kiessand und Geschiebemergel der Brüeler Staffel begrenzt. Unterlagert wird der Beckenschluff von Geschiebemergel, überlagert von glazialen Sanden und holozänen Sedimenten. Die Beckenablagerung besteht aus einer für einen Bänderton typischen Wechsellagerung von hellen sandig-schluffigen Sommerwarven und dunklen tonig-schluffigen Winterwarven (Abb. 6). Innerhalb der Warven läßt sich eine unregelmäßige Anzahl millimeterdünner Feinwarven erkennen. Spezielle Untersuchungen an Profilen in SAURAMO-Zinkkästen ergaben:

Abb. 4. Hangender Bänderton (skandinavischer Normaltyp) mit Kalkkonkretionen, Ziegeleigrube Blankenberg, August 1957

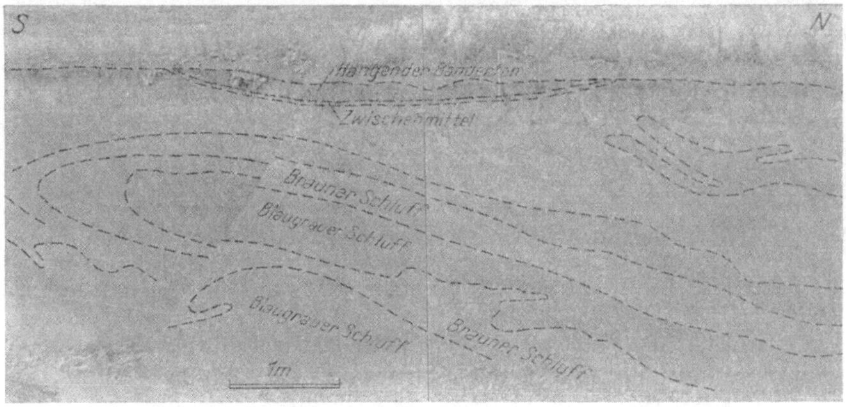

Abb. 5. Südvergente Walzenstrukturen in der liegenden Schluffserie, Ziegeleigrube Blankenberg, August 1957

Die Sommerwarven werden untergliedert durch tonige Feinwarven und 0,5 bis 2 mm starke Feinsandlagen. Letztere stellen Marken wärmerer Perioden in den Sommern dar. Je mächtiger eine Sommerwarve ist, um so größer ist die Anzahl der Feinwarven. Die Feinwarven treten im unteren und oberen Teil der Sommerwarven gehäuft auf. Deutet man die tonigen Feinwarven als kältere Perioden innerhalb eines Sommers, so würden die Anreicherungen der Feinwarven im unteren und oberen Teil der Sommerwarve der Frühlings- bzw. der Herbstperiode entsprechen. Im Bänderton nehmen die auf die Sommerwarven entfallenden Feinwarven im Profil nach oben zu. Entsprechend der Mächtigkeit der Sommerwarven verschiebt sich die Kornzusammensetzung zur gröberen Fraktion (Abb. 7). Es muß weiteren Untersuchungen vorbehalten bleiben, zu erkennen, ob diese Merkmale zur Parallelisierung von Bändertonen verwendbar sind.

Der Brüeler Bänderton wird von zahlreichen Ab- und Aufschiebungen durchsetzt. Die Verwerfungsbeträge schwanken zwischen wenigen Zentimetern und 1,30 m. Die Bestimmung der geologischen Vorbelastung ergab, daß der Bänderton vom Eis nicht überfahren wurde. Im Bänderton wurden einige Schalenbruchstücke einer den Unioniden zugehörenden Art gefunden, die für die Parallelisierung des Brüeler Bändertons mit dem hangenden Bänderton von Blankenberg außer der warvendiagrammatischen Verknüpfung von besonderer Bedeutung sind (vgl. hierzu Abb. 8).

Abb. 6. Brüeler Bänderton mit Lagerungsstörungen, Ziegeleigrube Brüel, August 1957; Maßstab: Planzeiger mit 8 cm äußerer Kantenlänge

D. Das Vorkommen von Sternberg

Im Sommer 1962 war in der Ziegeleigrube Sternberg folgendes Profil aufgeschlossen:

2,00 m Bänderton,	grau, helle Schluffwarven und dunkle, zentimeterdicke Tonwarven wechsellagernd, in söhliger Lagerung
0,20—0,30 m Sand,	grau, tonig, feinkörnig, kalkig, feinschichtig
bis 3 m Schluff,	braun, tonig, mit unregelmäßigen Sandschmitzen, undeutlich geschichtet
2,00 m Bänderton,	hellgrau, helle, meist 5—10 cm dicke Sommerwarven mit zentimeterdünnen tonigen Winterwarven wechsellagernd, walzenförmig gelagert
bis 6 m Schluff,	blaugrau, tonig, ungeschichtet

Liegendes: Sand und Geschiebemergel

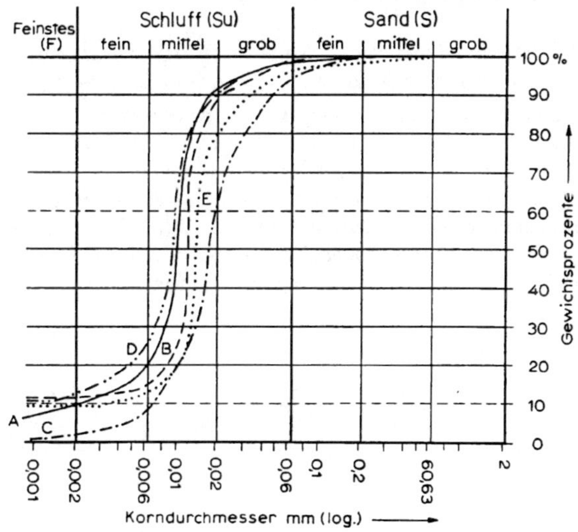

Abb. 7. Konverteilungskurven von Sommerwarven aus dem Brüeler Bänderton

A — Sommerwarve 5 cm mächtig, B — Sommerwarve 8 cm mächtig, C — Sommerwarve 10 cm mächtig, D — Sommerwarve 4 cm mächtig, E — Sommerwarve 3 cm mächtig

Durch Warvendiagramme lassen sich der Brüeler Bänderton und der hangende Bänderton von Sternberg gut konnektieren (Abb. 8). Ebenso wie bei Blankenberg wird der Bänderton von einem geringmächtigen feingeschichteten Feinsandzwischenmittel unterlagert.

Der zum Liegenden folgende braune und blaugraue Schluff ist auf Grund der petrographischen Ausbildung und Struktur mit den entsprechenden Schluffen von Blankenberg zu vergleichen. Der stark gewalzte Bänderton zwischen den braunen und blaugrauen Schluffpaketen tritt nur lokal im Bereich des Sternberger Vorkommens auf. Die Walzenbildung wird durch Eisschub erklärt. Die Bestimmung der maximalen geologischen Vorbelastung (G. VIETE 1957) ergab für den braunen Schluff eine Eismächtigkeit von 100—110 Metern. Mit

Stratigraphische Tabelle

	Warin	Blankenberg	Brüel	Sternberg
Stadium E	Sander 7 m und mehr	Sander 0–5 m	Sand 0–15 m	Geschiebemergel
		hangender Bänderton 0–2 m Fossil-fundpunkt	Bänderton etwa 10 m Fossil-fundpunkt	hangender Bänderton 2–3 m
Brüeler Staffel		Zwischenmittel	Geschiebemergel	Zwischenmittel
	gestauchter brauner und blaugrauer Schluff 5–9 m	gestauchter brauner und blaugrauer Schluff 2–20 m		gestauchter brauner u. blaugrauer Schluff 6–10 m
Stadium D	Geschiebemergel	Geschiebemergel		Geschiebemergel

Hilfe von orientierten Proben bestimmte G. VIETE eine Eisvorstoßrichtung aus Nordosten. Auch der hangende, söhlig gelagerte Bänderton weist eine geologische Vorbelastung auf. G. VIETE rechnet mit einer Vorbelastung von etwa 2 kg/cm^2, die einer Eisdicke von 30–40 m entspricht. Der in der Nähe der Ziegeleigruben im Hangenden des Bändertons auftretende Geschiebemergel erklärt dieses Meßergebnis.

IV. Die stratigraphische Einstufung der Vorkommen von Warin, Blankenberg, Brüel und Sternberg

Die Beckenschluff- und Bändertonvorkommen von Warin, Blankenberg, Brüel und Sternberg werden altersmäßig durch die Überlagerung des Sanders des Stadiums E und durch die Unterlagerung von Geschiebemergel und Sand des Frankfurter Stadiums näher fixiert. Auf Grund der Lagerungsverhältnisse, der petrographischen und strukturellen Ausbildung und durch die Konnektierung der Warvendiagramme lassen sich folgende Schichten parallelisieren:

1. Die hangenden Bändertone von Blankenberg und Sternberg und der Bänderton von Brüel. Dabei ist der andersartige Blankenberger Bändertontyp zu berücksichtigen.
2. Die braunen bzw. blaugrauen Schluffe von Warin, Blankenberg und Sternberg.
3. Die Zwischenmittel von Blankenberg und Sternberg. Daraus ergibt sich, daß die hangenden Bändertone jünger als das Stadium D (Frankfurter Stadium) und älter als das Stadium E (Pommersches Stadium) sind. Sie stellen somit **Interstadialbildungen** dar (s. stratigraphische Tabelle).

V. Die spätpleistozäne Entwicklung des Gebietes um Blankenberg

Die ältesten aufgeschlossenen glazialen Sedimente im Untersuchungsgebiet sind Geschiebemergel und Sand des Frankfurter Stadiums und bilden den Staubeckenboden und den südlichen Beckenrand. Die reich gegliederten Geschiebemergel- und Kiessandhöhenrücken, die sich südlich Schwerin von West nach Ost, dann nach Südosten umbiegend erstrecken, bilden die Randlage dieser Vereisung, das Stadium D. Nach Abtauen des Eises (unter Toteisbildung) lag ein flachwelliger Beckenboden vor. In einem Becken, dessen Südufer nördlich Brüel und nahe südlich Sternberg zu suchen ist, kam zunächst der ungeschichtete blaugraue Schluff zur Ablagerung. Die Sedimentationsbedingungen veränderten sich recht schnell, der undeutlich geschichtete braune Schluff kam zur Ablagerung. Die strukturelle Ausbildung läßt auf einen niedrigen Wasserstand mit Welleneinwirkung auf den Beckenboden schließen. Die gleichartigen Profile der liegenden Schluffe des Wariner,

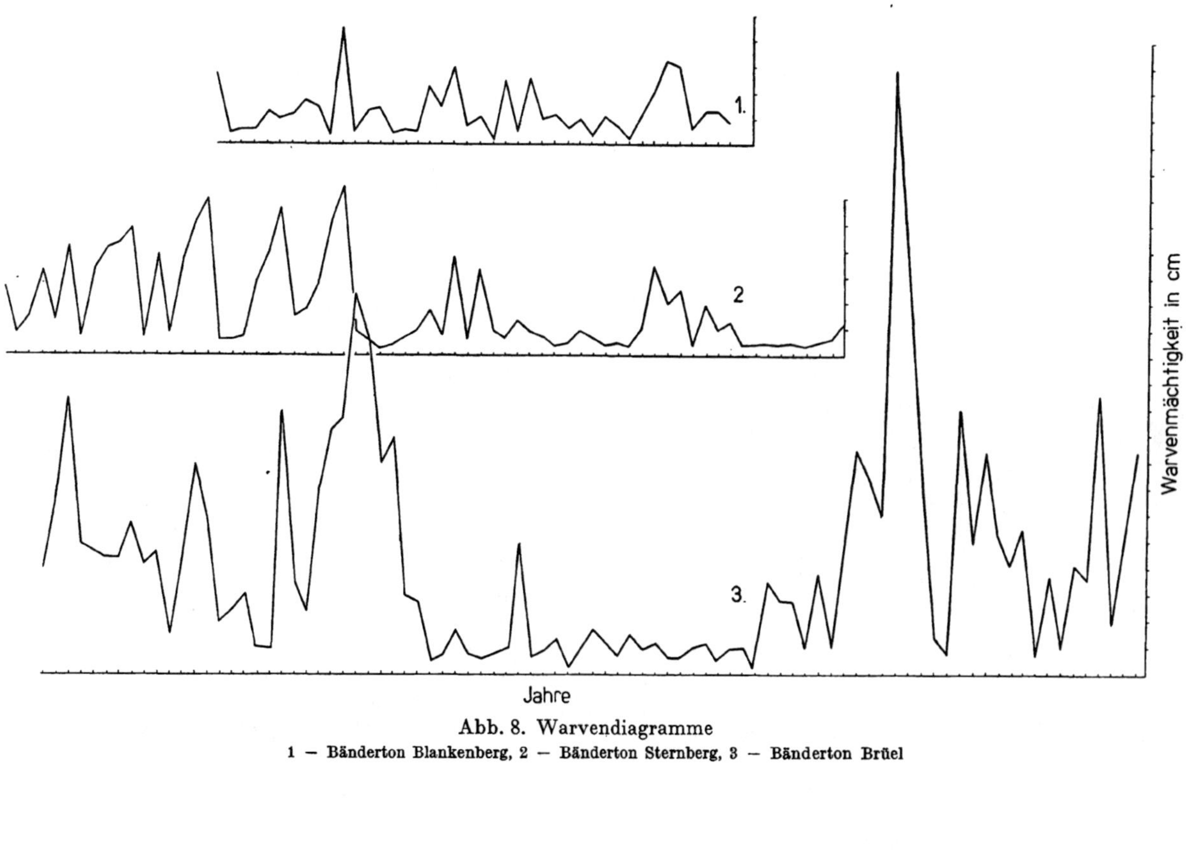

Abb. 8. Warvendiagramme
1 – Bänderton Blankenberg, 2 – Bänderton Sternberg, 3 – Bänderton Brüel

Blankenberger und Sternberger Vorkommens lassen die Annahme eines einheitlichen großen Beckens mit etwa gleichen Sedimentationsverhältnissen für jede Serie zu (Abb. 9). Die Sedimentation in diesem Becken wurde von einem Eisvorstoß aus NE bis ENE, bei dem es zur Staffelbildung südlich Brüel kam, unterbrochen. Das etwa 80 m mächtige Eis walzte und verfaltete einen Teil der liegenden Schluffe. Die Grundmoräne dieses Zwischenvorstoßes kann, wenn sie überhaupt abgelagert worden ist, nur geringmächtig gewesen sein. Äquivalente treten als das sandige Zwischenmittel bei Blankenberg und Sternberg in Erscheinung (Abb. 10). Nach dem Zwischenvorstoß kam es zur Ablagerung typischer Bändertone. Ob es sich hierbei um Ablagerungen in einem großen Becken oder in kleineren Teilbecken handelt, ist nicht zu erkennen, da die nachfolgende Erosion die Verbindungen zwischen den einzelnen Vorkommen in Blankenberg, Brüel und Sternberg vernichtete (Abb. 11).

Die Sedimentation während des Pommerschen Stadiums berührt den besprochenen Raum mit einer nach Süden gerichteten Sanderschüttung, die Teilgebiete in nicht unerheblicher Mächtigkeit bedeckte. Im Gebiet Sternberg rief ein lokales Vordringen der Eismassen

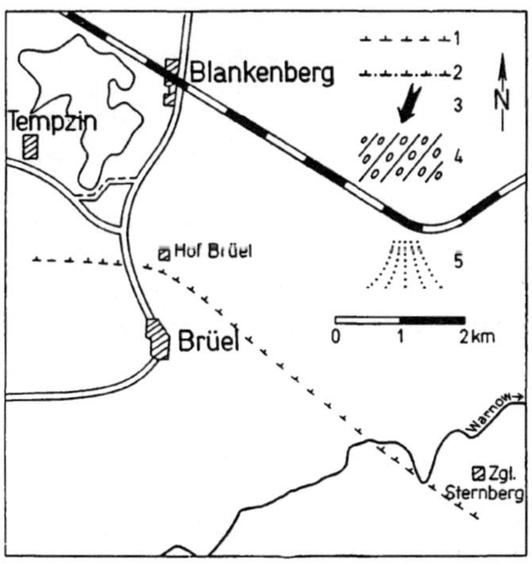

Abb. 9. Verhältnisse nach Bildung der Randlage des Frankfurter Stadiums

1 — südliche Verbreitungsgrenze der Liegendserie, 2 — südliche Verbreitungsgrenze der hangenden Bändertone, 3 — Richtung des Eisvorstoßes bei der Bildung der Brüeler Staffel, 4 — Randlagen der Brüeler Staffel und des Stadiums E, 5 — Sander vor der Randlage des Stadiums E

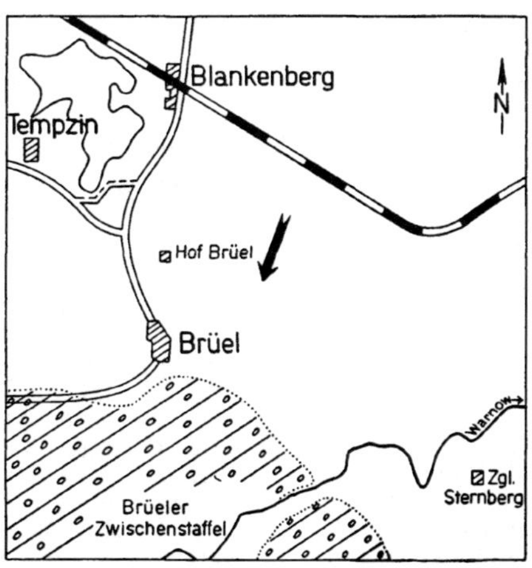

Abb. 10. Verhältnisse bei der Bildung der Brüeler Staffel

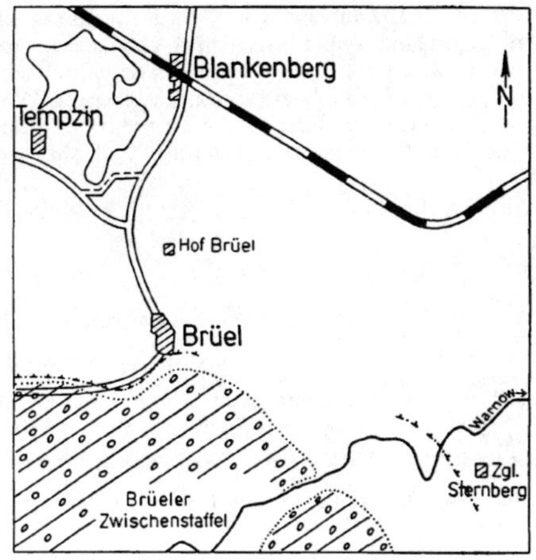

Abb. 11. Sedimentationsraum der hangenden Bändertone

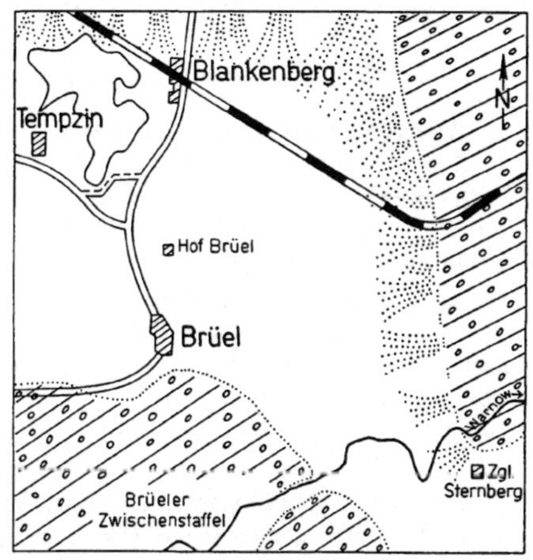

Abb. 12. Verhältnisse nach der Bildung der Randlage des Pommerschen Stadiums

glazigene Wirkungen hervor (Abb. 12). Damit war in der Wariner Mulde, abgesehen von einer kräftigen Erosionstätigkeit, das glazigene und glaziale Geschehen im wesentlichen beendet.

Zusammenfassung

Nach der Beschreibung der geologischen Situation werden die Bändertone bzw. Beckenschluffe von Warin, Blankenberg, Brüel und Sternberg auf Grund petrographischer und struktureller Merkmale, der Lagerungsverhältnisse und mit Hilfe der Kornanalysen, Warvenkonnektionen, des Fossilinhaltes usw. parallelisiert. Die Beckenablagerungen stellen teilweise weichselinterstadiale Bildungen dar. Abschließend wird ein Abriß der spätpleistozänen Entwicklung des Untersuchungsgebietes gegeben.

Резюме

После описания геологической обстановки сопоставляются полосчатые глины и бассейные илы около Варин, Бланкенберг, Брюель и Штернберг на основе петрографических и структурных признаков и условий залегания, а также с помощью гранулометрических анализов, связей годовых слоев, содержания ископаемых и т. д. Бассейные отложения частично представляют образования вислинского интерстадиала. В заключение дается очерк позднеплейстоценового развития исследуемого района.

Summary

A description of the geological situation is followed by a parallelization of the varved clays, and basin silts respectively, of Warin, Blankenberg, Brüel and Sternberg on the basis of petrographical and structural characters, mutual relations, grain analyses, varve connections, fossil content, etc. The deposits of the basin partly represent Weichsel Interstadial formations. Finally, a summary account is given of the late Pleistocene development of the area investigated.

Literatur

BÜLOW, K. v.: Interglazial und Interstadial in Pommern. – Z. deutsch. geol. Ges., 77, Hannover 1924.
– Die Rolle der Toteisbildung beim letzten Eisrückzug in Norddeutschland. – Z. deutsch. geol. Ges., 79, Hannover 1927.
– Untergrund und jungweichseleiszeitliche Endmoränen im mittleren Norddeutschland. – Arch. d. Ver. Fr. d. Naturgesch. Mecklenburgs, NF, 10 (1937).
– Abriß der Geologie von Mecklenburg. – Verl. Volk und Wissen, Berlin 1952.
– Stapelmoränen und Untergrund im Jungdiluvium Norddeutschlands. – Geologie, 4, 1, Berlin 1955.
DÜCKER, A.: Ein Untersuchungsverfahren zur Bestimmung der Mächtigkeit des diluvialen Inlandeises. – Mitt. geol. Staatsinst. Hamburg, 20, Hamburg 1951.
GEER, G. DE: Geochronologie der letzten 12000 Jahre. – Geol. Rdsch., 3, Stuttgart 1912.
GEINITZ, E.: Die Endmoränen Mecklenburgs. – Mitt. Meckl. geol. L.-A., IV (1894).
HURTIG, TH.: Zur Frage des letztglazialen Eisabbaues auf der mecklenburgischen Seenplatte. – Wiss. Z. d. Ernst-Moritz-Arndt-Univ. Greifswald, IV, 6/7 (1954/1955).
KRIEBEL, U.: Das Bändertonlager bei Blankenberg (Meckl.). – Diplomarbeit, Univ. Rostock, unveröff. (1958).
LUDWIG, A.: Ein wichtiger Faunenfund in Würm-interstadialen Staubeckenabsätzen (Fundmitteilung). – Geologie, 9, 5, Berlin 1960.
– Bänderton Blankenberg, Referat über Diplomarbeiten aus dem Geologisch-Paläontologischen Institut der Universität Rostock. – Geologie, 10, 1, Berlin 1961.
RICHTER, K.: Klimatische Verschiedenartigkeit glazialer Vorstoßphasen in Norddeutschland. – Tirage part. des Actes du IV. Congrès International du Quarternaire, Rome–Pise 1953.
VIETE, G.: Kritische Bemerkungen zur Bestimmung der pleistozänen Inlandeismächtigkeit mit Hilfe von Drucksetzungsmessungen. – Eiszeitalter und Gegenwart, 8 (1957).
Ergebnisbericht über die geologische und wirtschaftliche Erkundung der Tonvorkommen bei Blankenberg und Warin, Kreis Sternberg, im Jahre 1954. – Archiv d. VEB Geol. Erkundung Nord, Schwerin.

Bodenphysikalisch-mineralanalytische Untersuchung der Montmorillonoid-Horizonte im Liegendton des Braunkohlenbeckens von Berzdorf (Görlitz)[1]

HANS MATSCHAK, Freiberg, & JOACHIM WIEGMANN, Berlin

Das westlich der Neiße zwischen Zittau und Görlitz liegende tertiäre Braunkohlenbecken ist durch eine kesselartige Ablagerung gekennzeichnet, wodurch Kohlemächtigkeiten von 60–80 m des miozänen Flözes entstanden, das verschiedentlich von Tonstreifen durchsetzt ist. Der Untergrund des Berzdorfer Beckens wird nach GROBA (1953) von Granodiorit, einem mittelkörnigen, biotit- und plagioklasreichen Tiefengestein eingenommen, der eine geringfügige tektonische Beanspruchung zeigt, die von EBERT auf die letzten Ausläufer aus der sudetischen Faltung zurückgeführt wird. Die tektonische Tätigkeit brachte im Oberoligozän größere Basaltergüsse und Tuffausbrüche mit stark schwankender Mineralzusammensetzung, die weite Flächen der tertiären Rumpflandschaft bedecken.

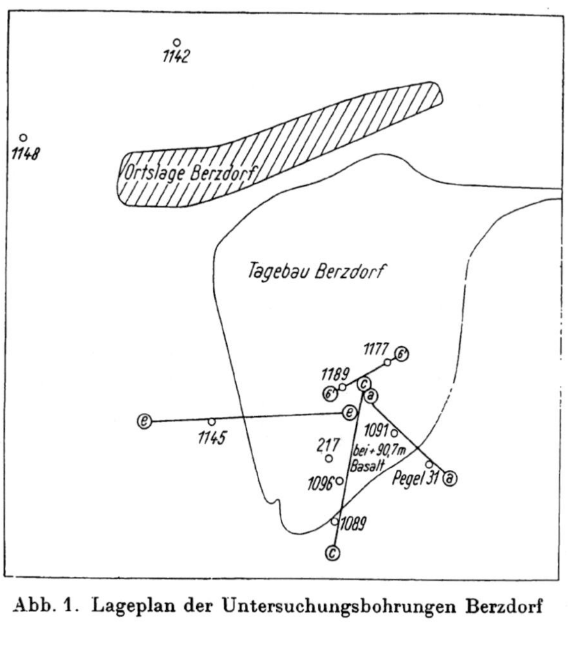

Abb. 1. Lageplan der Untersuchungsbohrungen Berzdorf

Der Basalt ist nach GRAHMANN von teilweise erheblich mächtigen Tufflagen überdeckt, die nach oben in Tone verschiedener Farbtönungen (rot, grau, braun, schwarz und blau) übergehen, wie zahlreiche neuere Bohrungen bestätigen.

Bei fortschreitendem Tagebaubetrieb traten Geländeabrisse im Vorland durch Böschungsbewegungen in den Muldenrändern auf, die sich bei fortschreitendem Abbau verstärkten und zu deren Untersuchung mehrere Bohrungen in das Liegende des Braunkohlenflözes niedergebracht wurden, um ungestörte Bodenproben zu entnehmen. Die Probenhöhe betrug 0,15–0,3 m, der Durchmesser der Entnahmestutzen 100 mm.

Der größte Teil der Untersuchungsbohrlöcher befindet sich etwa 1,2 km südöstlich der Ortslage Berzdorf im Randgebiet des südlichen Baufeldes (Abb. 1), wo die Bohrungen nach Möglichkeit in Profillinien angesetzt sind und Abstände von 160–200 m aufweisen. Je ein weiteres Untersuchungsbohrloch steht ca. 660 m westlich bzw. nördlich der Ortslage Berzdorf.

Geologische Profile und Entnahmestellen

Die Bohrprofile der Untersuchungsbohrungen sind in die von der Markscheiderei des BKW Berzdorf angelegten geologischen Profile in den nachfolgenden Abbildungen 2–5 eingeordnet, wobei gleichzeitig die Entnahmestellen der Bodenproben aus dem Liegendton vermerkt wurden.

Das geologische Profil a (Abb. 2) mit der Untersuchungsbohrung 1091 und dem Pegelbohrloch 31 zeigt die sehr unruhige Lage des Flözhangenden, die auf glazigene Einflüsse zurückzuführen ist, während das Liegende derartige Erscheinungen nicht aufweist. Im Bohrloch 1091 erfolgte im Liegendton eine Probenahme in Teufen von 66,7–82,7 m durch 10 Entnahmestellen. Im Bohrloch 31 wurden 2 Proben in der Teufe von 61,3 und 71,5 m ungestört entnommen.

Im geologischen Profil c (Abb. 3), das in N–S-Richtung liegt, wurden je eine Bodenprobe in den Bohrlöchern 1096 und 1089 und 2 Bodenproben in Bohrloch 217 gezogen.

[1]) Eingang des Manuskripts in der Redaktion: 10. 9. 1963

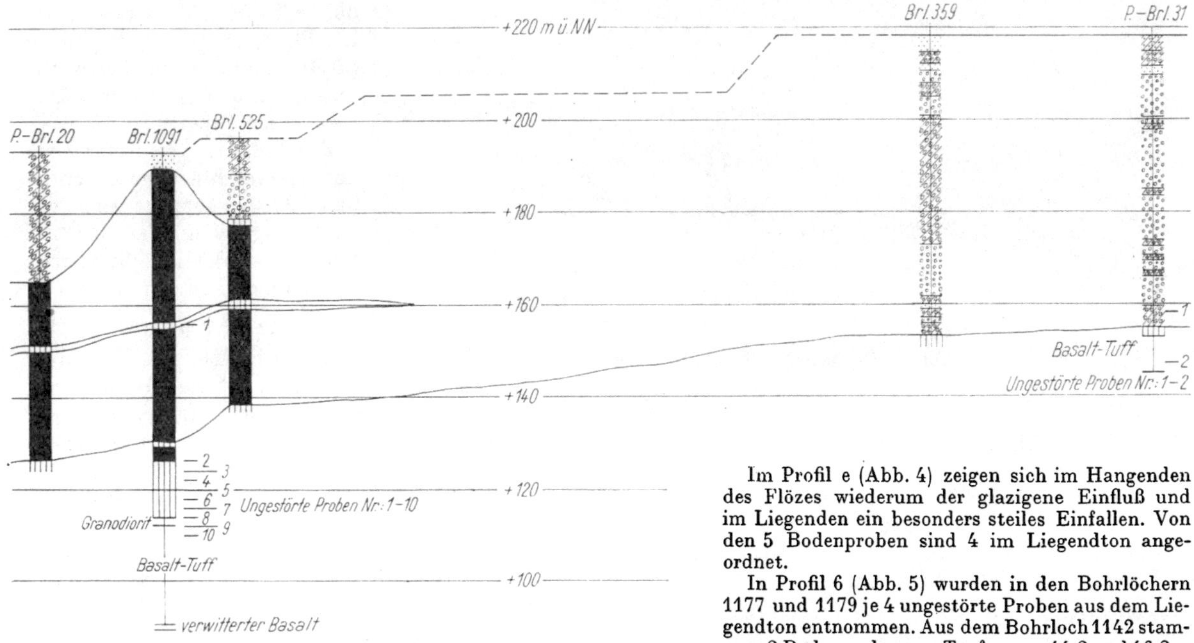

Abb. 2. Geologisches Profil NW—SE

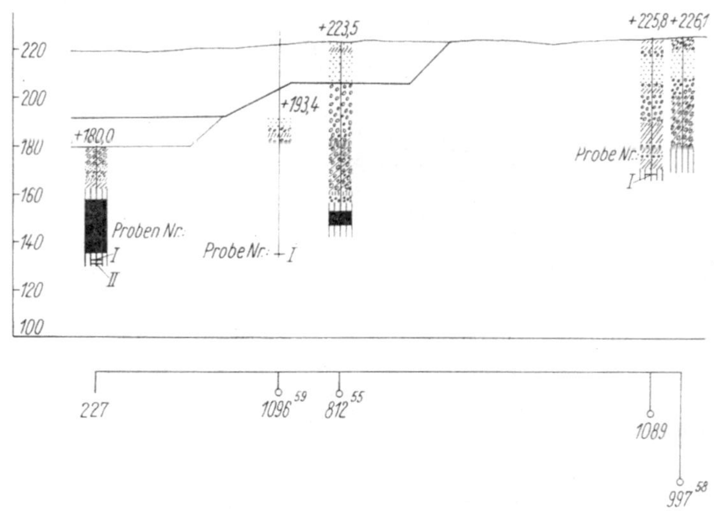

Abb. 3. Geologisches Profil N—S

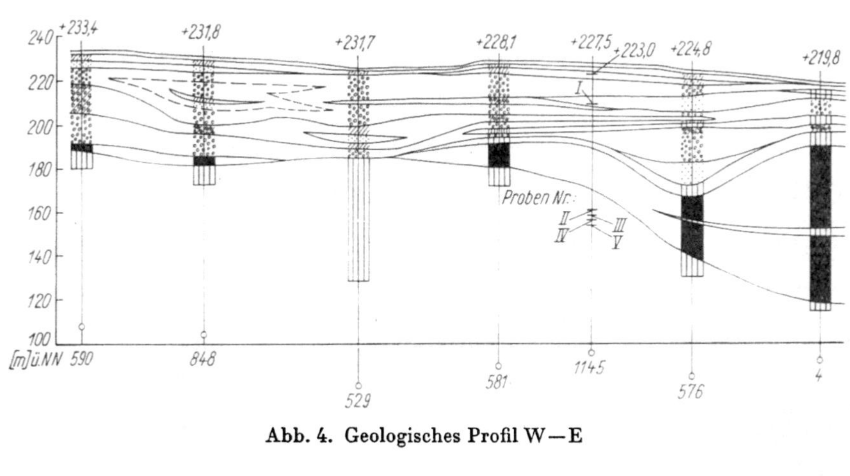

Abb. 4. Geologisches Profil W—E

Im Profil e (Abb. 4) zeigen sich im Hangenden des Flözes wiederum der glazigene Einfluß und im Liegenden ein besonders steiles Einfallen. Von den 5 Bodenproben sind 4 im Liegendton angeordnet.

In Profil 6 (Abb. 5) wurden in den Bohrlöchern 1177 und 1179 je 4 ungestörte Proben aus dem Liegendton entnommen. Aus dem Bohrloch 1142 stammen 2 Bodenproben aus Teufen von 44,2 und 46,2 m und aus dem Bohrloch 1148 aus folgenden Entnahmeteufen:

Probe	Entnahmeteufe
I	29,3 m
II	31,5 m
III	34,2 m
IV	36,2 m
V	79,0 m
VI	82,5 m
VII	84,5 m

Außerdem wurde im Pließnitzeinschnitt, der im Süden des Tagebaugeländes liegt, eine Probenahme durchgeführt (Nr. 28).

Bodenphysikalische Untersuchungen

Bis auf die Proben aus den Bohrlöchern 1142 und 1148 wurden alle übrigen im Erdbaulabor untersucht, und zwar auf Tonanteil (< 0,002 mm), Wassergehalt, Konsistenzgrenzen, Wasseraufnahmefähigkeit und Scherfestigkeit.

Wassergehalt und Tonanteil (Abb. 6)

Die Höhe des Wassergehalts bewegt sich zwischen 20% und 80%, wobei ein größerer Teil der Proben im Bereich der normalen bindigen Tagebauböden und damit bei 30 bis 40% liegt (MATSCHAK & RIETSCHEL 1963), während einige Werte zu 50, 60 und 80% festgestellt wurden, die sich bereits deutlich von den normalen Werten unterscheiden. Der Tonanteil für die Berzdorfer Liegendtone wurde zu 10 bis 60% ermittelt.

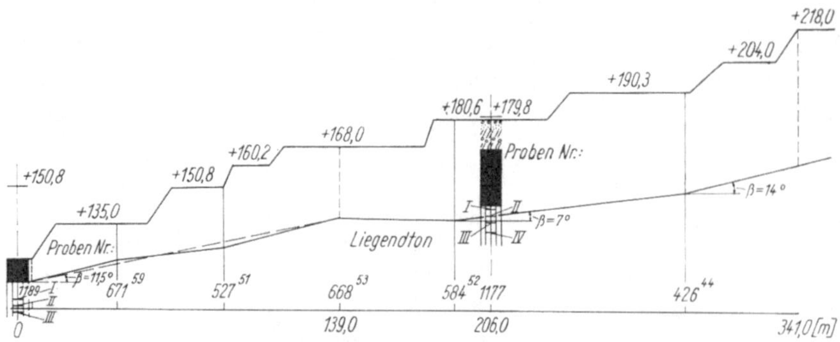

Abb. 5. Geologisches Profil SW—NE

Fließgrenze (Abb. 7)

Die Wassergehalte der Fließgrenze umfassen einen Bereich zwischen 25 bis 90%, mit einem größeren Anteil der Proben über 60%, bei Tonanteilen von 40 bis 50%. Auch sie heben sich dadurch deutlich von den übrigen Tagebauböden ab, die etwas geringere Werte und Tonanteile bis 80% aufweisen.

Ausrollgrenze (Abb. 8)

Auch hier zeichnen sich einige Proben durch hohe Werte mit 70 und 80% deutlich ab, wodurch sie im Vergleich zu den normalen bindigen Tagebauböden einen gesonderten Bereich einnehmen.

Plastizitätszahl (Abb. 9)

Entsprechend der Lage der Fließgrenze und der Ausrollgrenze zeichnet sich ein Plastizitätsbereich für die Berzdorfer Liegendtone zwischen 10 und 50% ab, denen im wesentlichen Tonanteile bis 45% zugeordnet sind.

Der Bereich der bindigen Tagebauböden, der eine ähnliche Plastizitätszahl aufweist, erstreckt sich über einen hohen Tonanteil bis 80% und in einigen Einzelfällen auf 95 bis 100%, wobei sich für letztere Plastizitätszahlen von 40 bis 60% ergaben.

Plastizitätsdiagramm (Abb. 10)

Das aus den Werten für die Plastizitätszahl und für die Fließgrenze gebildete Diagramm zeigt die Berzdorfer Tone, z. T. in dem unteren Fließgrenzenbereich von 30 bis 50% und z. T. im oberen zwischen 60 und 80% der normalmineralischen Tone.

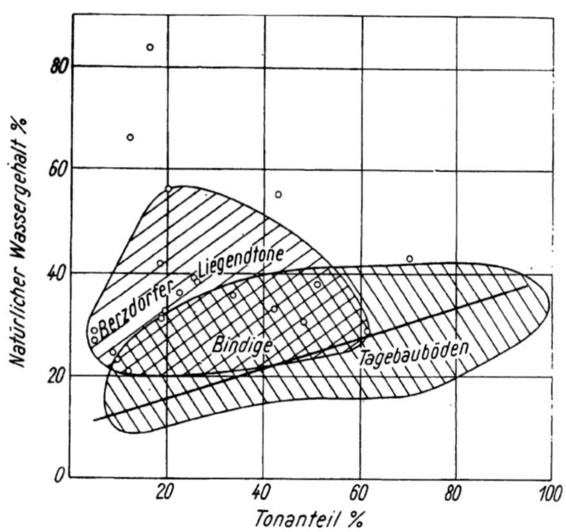

Abb. 6. Natürlicher Wassergehalt und Tonanteil der bindigen Tagebauböden und der Berzdorfer Liegendtone

Ein Teil der Berzdorfer Tone mit höherer Fließgrenze von 50 und 90%, entsprechend der Einteilung von CASAGRANDE, fällt in den Bereich glimmerreicher und organischer Böden.

Kolloidale Aktivität (Abb. 11)

Die sich aus dem Verhältnis der Plastizitätszahl und des Tonanteils nach SKEMPTON (1953) ergebende kolloidale Aktivität (A) zeigt für die bindigen Tagebauböden meist inaktive Tone mit A = ≈ 0,5 und nur einige wenige Proben als Normaltone mit einer Aktivität zwischen 0,75 bis 1,0.

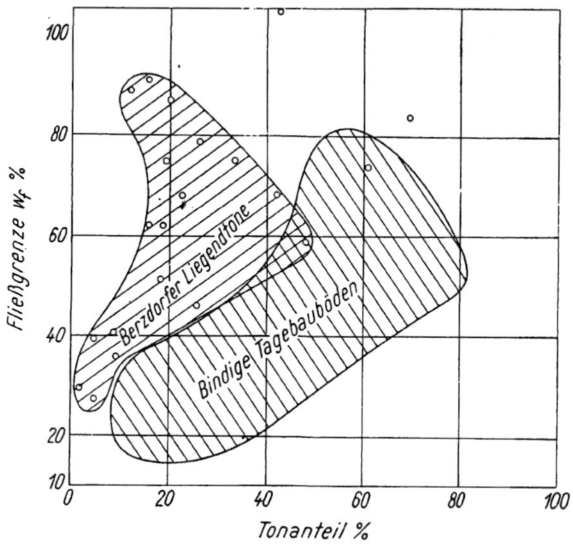

Abb. 7. Fließgrenze und Tonanteil bindiger Tagebauböden und der Berzdorfer Liegendtone

Demgegenüber erweisen sich die Berzdorfer Liegendtone zu über $^1/_3$ als normale Tone mit Werten von A = ≈ 1,0 und zu $^1/_3$ als aktive Tone mit A = ≈ 1,25 bis 2 sowie einem Maximalwert von > 3,0.

Wasseraufnahmefähigkeit

Die Ermittlung der Wasseraufnahmefähigkeit nach ENSLIN ergab:

bei 50% der Proben Werte von					90—100% W_{max}
„ 35%	„	„	„	„	130—180% W_{max}
„ 15%	„	„	„	„	300—450% W_{max}

Scherfestigkeit

Die Komponenten der Scherfestigkeit, Reibungswinkel und Kohäsion für die aus den Untersuchungsbohrungen entnommenen Proben wurden durch Scherversuche im Kreisringgerät wie folgt ermittelt:

Die verhältnismäßig niedrigen Werte für die Kohäsion ergeben sich aus dem meist gestörten Einbau der Proben, da deren Beschaffenheit nur in einigen Fällen einen ungestörten Einbau ermöglichte. Die ermittelten

Bohrl.-Nr. Proben-Nr.	Scherfestigkeit Reibungswinkel $\varrho°$	Kohäsion kp/cm²
1091		
2	16,4	0,07
3	16,3	0,09
4	19,1	0,03
5	20,5	0,04
6	15,3	0,14
7	10,9	0,32
8	15,5	0,26
10	29,7	0,03
P 31		
1	25,5	0,13
1089		
1	20,0	0,10
1096		
1	19,6	0,28

Werte beziehen sich auf den Entnahmezustand der Bohrlochproben. Für die Standsicherheit der Tagebauböschung gegen Abgleiten auf oder im Liegendton können diese Werte im Hinblick auf die eingetretene Entlastung des Liegenden durch die Abtragung des Deckgebirges, den Abbau der Kohle und die mögliche Wasseraufnahme der aktiven Tone beeinträchtigt werden.

Steifeziffer

Durch Drucksetzungsversuche an den Bodenproben 1, Bohrloch 1089, und 4, Bohrloch 1177, aus Entnahmeteufen von 56 m bzw. 87 m wurden für den Bereich von 1—4 kp/cm² an gestört eingebautem Material Werte von E = 24,2—49,9 kp/cm² bzw. 16,0—56,5 kp/cm² festgestellt.

Bodenphysikalische Untersuchungsergebnisse

Durch die bei einem Teil der Tonproben ermittelten hohen Werte für Wassergehalte, Fließgrenze, Ausrollgrenze unter Berücksichtigung des Tonanteils ergab sich, daß es sich bei mehreren Proben um aktive bzw. sehr aktive Tone handelte, die demzufolge einen höheren Montmorillonoidanteil haben müßten und die sich von den normalen Tonen im Liegenden des Berzdorfer Braunkohlenvorkommens, besonders von den bindigen

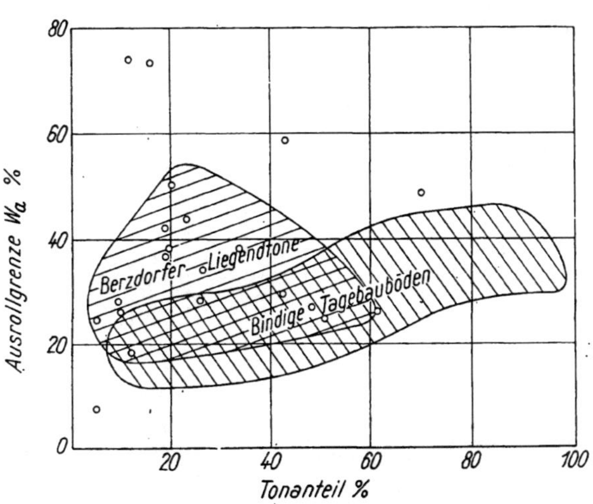

Abb. 8. Ausrollgrenze und Tonanteil bindiger Tagebauböden und der Berzdorfer Liegendtone

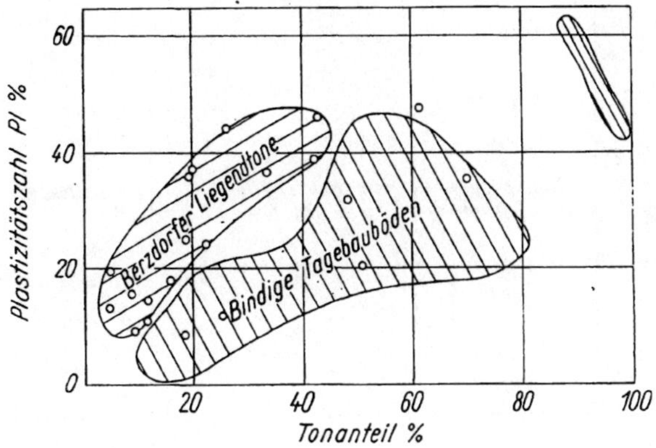

Abb. 9. Plastizitätszahl und Tonanteil bindiger Tagebauböden und der Berzdorfer Liegendtone

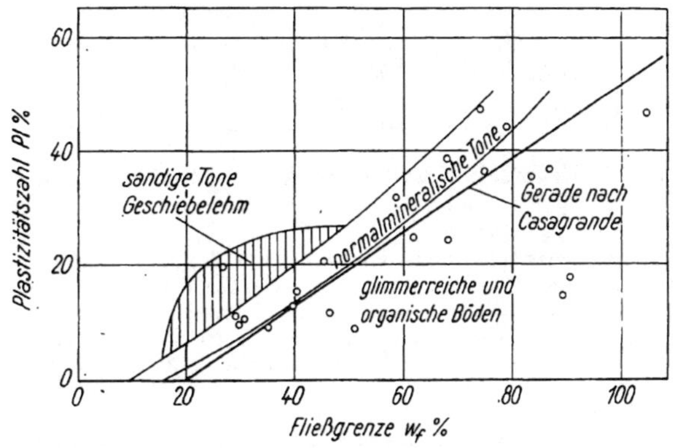

Abb. 10. Die Berzdorfer Liegendtone im Plastizitätsdiagramm

Böden im Hangenden oder im Deckgebirge der Braunkohlentagebaue, deutlich unterscheiden. Um diese Feststellung zu sichern, wurde eine Reihe mineralanalytischer Untersuchungen durchgeführt.

Mineralanalytische Untersuchungen

Die Untersuchungen waren darauf abgestellt, die wichtigsten Mineralkomponenten der Tone zu ermitteln und ihren relativen Anteil am Gesamtton abzuschätzen. Es wurden zu diesem Zwecke Differentialthermoanalysen und Röntgenzählrohrdiagramme der Proben aufgenommen.

Für die DTA-Untersuchungen wurde die bereits früher beschriebene Apparatur (HORTE & WIEGMANN 1959) verwendet, wobei für die Registrierung die sogenannte Universalmeßeinrichtung DTA der Fa. Hartmann & Braun eingesetzt wurde. Die Aufheizgeschwindigkeit betrug 10° C/min. Für die Röntgenaufnahmen wurde ein Zählrohrdiffraktometer der Firma Berthold (Wildbad) benutzt. Es wurde mit gefilterter CuKα-Strahlung gearbeitet.

Zur Untersuchung gelangte das zuvor getrocknete und auf eine Korngröße < 60 μm zerkleinerte Probenmaterial, das mit einer relativen Luftfeuchte von 40 bis 50% im Gleichgewicht war. Für die Röntgenuntersuchung wurden daraus einerseits gering texturierte Präparate nach dem Verfahren von MCCREERY (1949) und andererseits gut texturierte (nach den Blättchenebenen der Tonmineralteilchen ausgerichtete) Präparate nach dem Verfahren von JASMUND (1950) hergestellt. Zur röntgenographischen Identifizierung der in den Proben vorhandenen Tonmineralfamilien wurden in erster Linie die Basisinterferenzen (00l-Reflexe) herangezogen, die insbesondere bei der Aufnahme texturierter

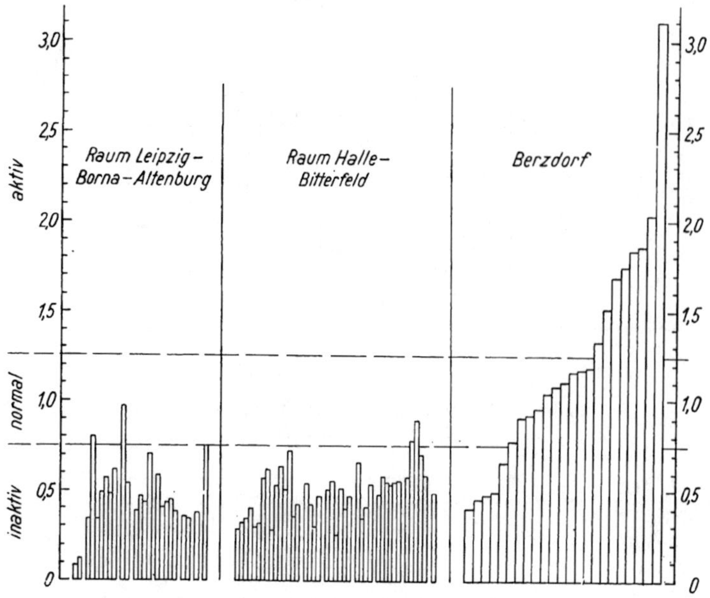

Abb. 11. Kolloidale Aktivität bindiger Tagebauböden und der Berzdorfer Liegendtone

Präparate verstärkt in Erscheinung treten. Die hier besonders interessierenden Mineralien der Montmorillonoidgruppe (allgemein als Montmorillonoide bezeichnet) waren unter den gewählten Versuchsbedingungen durch das Auftreten einer Basisinterferenz zwischen 14 und 15 Å gekennzeichnet, die bei einer Behandlung des Präparats mit Äthylenglykol eine Quellung auf 17 bis 18 Å zeigte.

In der DTA war die Anwesenheit der Montmorillonoide bei den vorliegenden Bedingungen an der — im Vergleich zu den Dehydroxylationsreaktionen bei höherer Temperatur — starken Endothermie zwischen Zimmertemperatur und 250 °C zu erkennen. Störungen dieses differentialthermoanalytischen Merkmals, die durch die Anwesenheit größerer Mengen organischer Bestandteile bzw. amorpher Materialien möglich sind, waren bei den hier in Frage stehenden Proben nicht zu verzeichnen.

Die Untersuchungen zeigten nun, daß bei einem großen Teil der Proben der Berzdorfer Liegendtone Kaolinit — meist mit starker Fehlordnung — und Quarz — in wechselnder, meist aber geringerer Menge — die kristallinen Hauptbestandteile waren. Bei einer Reihe der untersuchten Substanzen konnte jedoch an Hand der erwähnten Kennzeichen nachgewiesen werden, daß sie nennenswerte Mengen montmorillonoider Mineralien neben Kaolinit und meist geringeren Mengen anderer Mineralien (Quarz, Anatas, Karbonate) enthielten. Bei einigen dieser Proben bildete das montmorillonoide Material sogar den geringfügig verunreinigten Hauptbestandteil.

In Abb. 12 sind die DTA-Kurven von vier derartigen Proben wiedergegeben, die aus verschiedenen Entnahmestellen stammen. Die nach den Ergebnissen der bodenphysikalischen Untersuchungen zu erwartende Montmorillonoidführung eines Teils der Berzdorfer Liegendtone wurde somit durch die mineralanalytischen Untersuchungen bestätigt.

Bezüglich des mineralogischen Charakters der in Frage stehenden Montmorillonoide war aus den Röntgendiagrammen, insbesondere aus den gemessenen Netzebenenabständen für die 06-Interferenz, zu schließen, daß dioktaedrische Glieder der Montmorillonoidreihe vorliegen. Der zum Teil beachtliche Streuuntergrund der Röntgendiagramme und die spektrochemische Analyse, die von einer der stark montmorillonoidhaltigen Proben durchgeführt wurde, weisen darauf hin, daß das montmorillonoide Material wahrscheinlich einen ziemlich hohen Eisengehalt hat.

Aus dem Vergleich der DTA-Diagramme der montmorillonoidreichen Proben mit entsprechenden Standardtonmineralien (s. z. B. GREENE-KELLY 1957) geht in Übereinstimmung damit hervor, daß die Zusammensetzung der Montmorillonoide im wesentlichen der eines (eisenhaltigen) Beidellits entsprechen müßte.

Die Zusammensetzung der montmorillonoiden Mineralkomponenten ist jedoch an den verschiedenen Entnahmestellen des Berzdorfer Vorkommens offenbar nicht ganz gleichartig. Dies kann man bereits — unter Berücksichtigung der geringen Verunreinigung durch Nebenbestandteile — aus dem Verlauf der Dehydroxylationsreaktionen der in Abb. 12 dargestellten DTA-Kurven entnehmen.

Verbreitung der Montmorillonoide

Auf Grund der durch bodenphysikalische und mineralanalytische Untersuchungen festgestellten Montmoril-

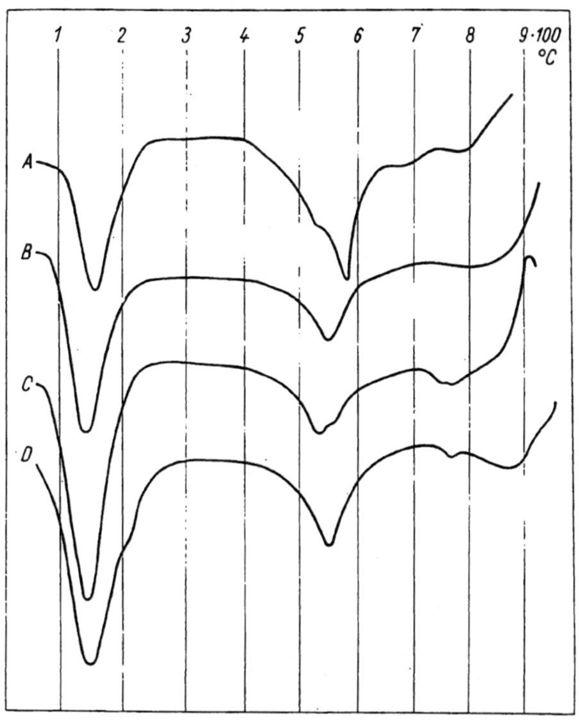

Abb. 12. DTA-Kurven Berzdorfer Liegendtone

A — Probe 9, Bohrung 1091, Montmorillonoid mit wenig Kaolinit als Nebenbestandteil
B — Probe 16, Bohrung 1089, Montmorillonoid, sehr wenig verunreinigt mit Kaolinit und Quarz
C — Probe 17, Bohrung 1096, Montmorillonoid, kaum verunreinigt
D — Probe 19, Bohrung 217, Montmorillonoid, verunreinigt mit wenig Kaolinit und sehr wenig Magnesit

lonoidführung sind nachstehend zur Kennzeichnung der Fundstellen bzw. der Verbreitung des Minerals im Berzdorfer Liegendton die betreffenden Bohrlöcher, Probennummern sowie die Untersuchungsergebnisse aufgeführt:

Bohrl.-Nr.	Proben-Nr.	kolloidale Aktivität	Montmorillonoid-Anteil	Höhenlage über NN
1089	16	3,1	Hauptbestandteil	+ 170 m
1091	8	1,8	mittlere bis größere Menge	+ 114 m
	9	1,9	Hauptbestandteil	+ 112 m
	10	1,9	Hauptbestandteil	+ 110 m
1096	17	–	Hauptbestandteil	+ 136 m
217	19	2,04	Hauptbestandteil	+ 133 m
	20	1,5	Hauptbestandteil	+ 132 m

Diese 4 Bohrlöcher befinden sich sämtlich im südlichen Teil des Braunkohlenvorkommens, wie aus Abb. 1 hervorgeht, und haben untereinander Abstand von 100 bis 260 m. Wie aus der Höhenlage der Probe ersichtlich ist, beträgt diese am südlichsten Rand (Bohrl. 1089) + 170 m über NN und nimmt entsprechend dem Einfallen der Mulde nach Norden auf + 136 bis + 132 m in den Bohrlöchern 1096 und 217 ab, um im muldentiefsten Bohrloch 1091 Werte von + 110 bis + 112 m über NN zu erreichen.

Damit liegt der Horizont einer bevorzugten Montmorillonoidführung im Bereich des Bohrlochs 217 nur wenige Meter unter dem Liegenden des Flözes, während er sich im Bereich des Bohrlochs 1091 12 bis 16 m unter dem Liegenden befindet. Zu dem Vorkommen der Montmorillonoide in diesem Bereich ist zu erwähnen, daß im Liegenden der Tone in einigen Bohrlöchern, wie Bohrloch 1089 und 1177, beim Bohren verwitterter Basalttuff angetroffen wurde. Diese Bohrergebnisse bestätigen die durch geophysikalische Messung in der Nähe des Bohrlochs 1089 festgestellten Anomalien als Hinweise für die Anwesenheit von Basalt.

Zusammenfassung

Im südlichen Randgebiet des Braunkohlenvorkommens Berzdorf wurden im Liegendton durch die Untersuchung der Kornverteilung, Konsistenz- und Wasseraufnahmefähigkeit aktive Tone nachgewiesen. Ihre mineralanalytische Untersuchung durch Differentialthermoanalysen und Röntgenzählrohrdiagramme ergab die Anwesenheit von Montmorillonoiden, deren Zusammensetzung im wesentlichen der eines eisenhaltigen Beidellits entsprechen müßte und deren Verbreitung an bestimmte Horizonte gebunden ist, in welchen die Mineralkomponenten nicht gleichartig entwickelt sind.

Резюме

На южном краю буроугольного месторождения Берцдорф в подстилающих глинах выявлены активные глины путем исследования гранулометрического состава, консистенции и влагоемкости. Минерало-аналитическое исследование глин дифференциально-термическим анализом и рентгеновским счетчиком показало присутствие монтмориллонитов. В сущности их состав соответствует очевидно железистым бейделлитам. Они приурочены к определенным горизонтам, в которых минеральные компоненты развиты неоднородно.

Summary

In the southern border area of the brown-coal occurrence of Berzdorf active clays have been demonstrated by investigations of the grain-size distribution and absorptive capacity for water and consistency. Their mineral-analytical investigation by means of differential thermal analyses and X-ray counting-tube diagrams shows the presence of montmorillonoids, whose compositions are essentially supposed as to be similar to that of an iron-containing beidellite, and whose distribution is combined with certain horizons of unequal development of the mineral components.

Literatur

GRAHMANN, R. & H. EBERT: Geologische Spezialkarte von Sachsen, Blatt Ostritz. – 2. Aufl., Freiberg 1938.

GREENE-KELLY, R.: The Montmorillonite Minerals in the Differential Thermal Investigation of Clays. – Mineralogical Society, London 1957.

GROBA, E.: Das Braunkohlenvorkommen von Berzdorf an der Eigen südlich Görlitz unter besonderer Berücksichtigung der diluvialen Störungen. – Bergbautechnik, 7 u. 8 (1953).

HORTE, C. H. & J. WIEGMANN: Eine vollautomatische Apparatur zur Differenzial-Thermoanalyse. – Feingerätetechnik, 8, S. 16–19 (1959).

JASMUND, K. N.: Jahrbuch für Min., Monatshefte, S. 63ff. (1950).

MATSCHAK, H. & A. RIETSCHEL: Konsistenz- und Tragfähigkeit bindiger Bodenarten mitteldeutscher Tagebaue. – Freiberger Forsch.-H., A 311 (1963).

McCREERY, G. L.: Improved amount for powdered specimens used on the Geiger counter x-ray spectrometer. J. Amer. Cera. Soc., 32, 141–146 (1949).

SKEMPTON, A. W.: Die kolloidale Aktivität von Tonen. – Ber. 3. Internat. Konf. Bodenmech. u. Gründungen, Zürich 1953.

Die ingenieurgeologische Detailkarte der Stadt Ilmenau im Maßstab 1:5000[1)]

JOSEPHA WIEFEL, Weimar

(Mitteilung aus dem VEB Geol. Erkundung West, Betriebsabtg. Jena)

1. Vorbemerkungen

Bis vor etwa fünf Jahren wurde bei den damaligen Geologischen Diensten die ingenieurgeologische Bearbeitung in Form von Einzelgutachten durchgeführt. Bei größeren Bauvorhaben — wie Industrieanlagen und Erweiterungen oder Neuerschließungen von Wohngebieten — oder für die Planung des komplexen ländlichen Bauwesens wurden für einzelne Stadtteile oder ganze Ortschaften lediglich die geologischen Verhältnisse dargestellt. Es zeigte sich jedoch, daß für Städte mit umfangreicher Bautätigkeit eine ingenieurgeologische Darstellung des gesamten Stadtgebiets notwendig wurde; denn für die bei der Planung und Projektierung auftretenden Fragen reichte eine rein geologische Darstellung nicht mehr aus. Die ingenieurgeologische Bearbeitung eines ganzen Stadtgebiets findet am besten ihren Niederschlag in einer ingenieurgeologischen Karte, die somit ein komplexes ingenieurgeologisches Gutachten darstellt. Die ingenieurgeologische Karte soll bei Planung und Projektierung Auskunft über die Einschätzung

1) Eingang des Manuskripts in der Redaktion: 23. 4. 1963.

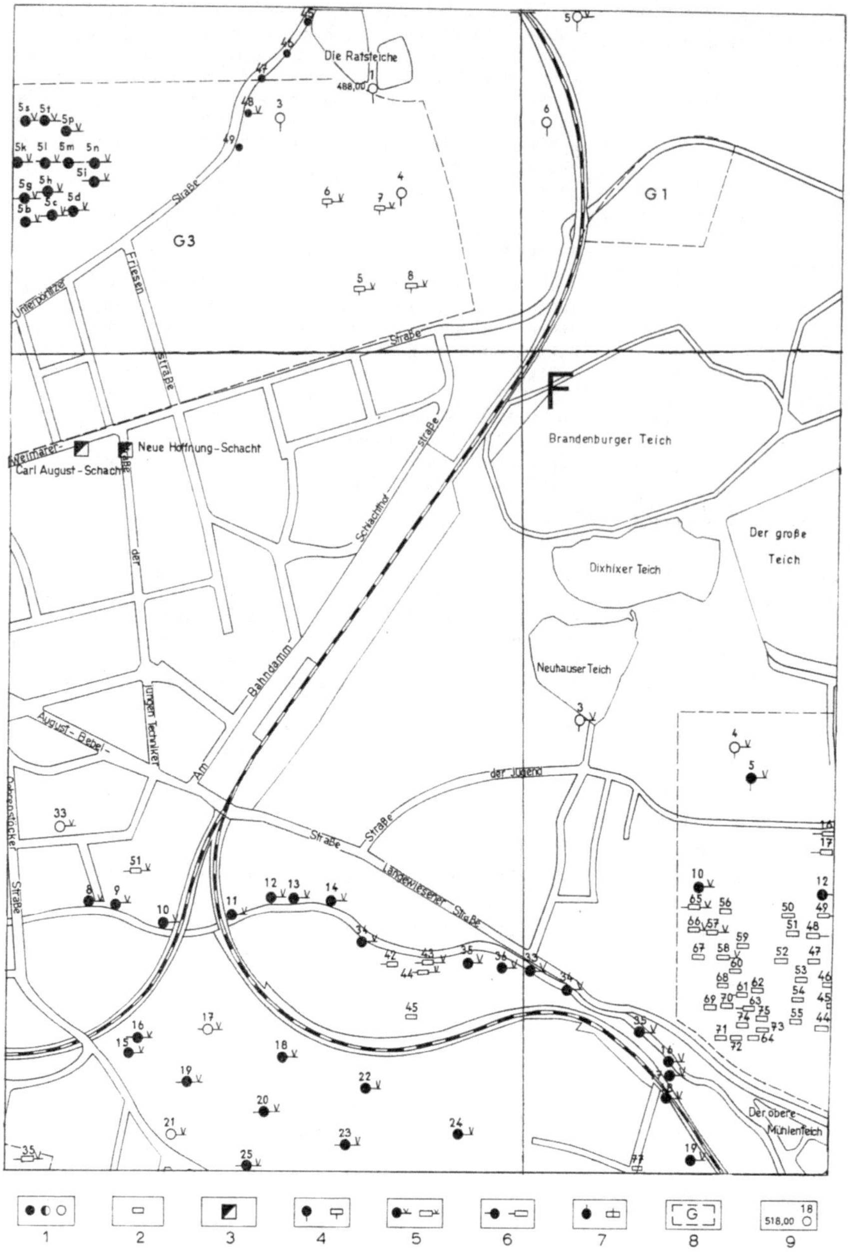

Abb. 1. Ingenieurgeologische Aufschlußkarte der Stadt Ilmenau (Ausschnitt)

1 – Bohrung; – 10 m, – 20 m, mehr als 20 m tief; 2 – Schurf; 3 – alte Schachtanlage; 4 – Bohrung, Schurf, durch Ingenieurgeologen aufgenommen; 5 – Bohrung, Schurf, mit Angaben über den Wasserstand; 6 – Bohrung, Schurf, mit bodenphysikalischen Untersuchungen; 7 – Bohrung, Schurf, mit chemischen Wasseruntersuchungen; 8 – bereits begutachtete Flächen; 9 – 18 laufende Nr. 518,00 Höhe über NN

des Untergrunds geben, ohne daß in jedem Einzelfall der Ingenieurgeologe hinzugezogen werden muß. Bei kleineren ortsüblichen Bauvorhaben sollen die zuständigen Bearbeiter bereits mit Hilfe der ingenieurgeologischen Karte entscheiden können, ob das vorgesehene Baugelände geeignet ist. Dadurch wird die Wirtschaftlichkeit der ingenieurgeologischen Bearbeitung bedeutend erhöht, eine Tatsache, die in den nächsten Jahren bei der Arbeit mit ingenieurgeologischen Karten immer deutlicher werden wird. Das soll an Hand der seit 1961 vorliegenden ingenieurgeologischen Detailkarte der Stadt Ilmenau gezeigt werden.

2. Zweck und Gliederung

Ilmenau liegt am NE-Rand des Thüringer Waldes, dort, wo die Ilm aus dem Bergland des Rotliegenden in die Zechsteinsenke und das Hügelland des Buntsandsteins eintritt. Die Stadt Ilmenau hat seit einigen Jahren eine rege Bautätigkeit aufzuweisen, und es müssen ständig neue Baugelände erschlossen werden, z. B. für Erweiterungsbauten der neuen Hochschule für Elektrotechnik, für Wohngebiete, für Bauvorhaben der Industrie und Landwirtschaft.

Die Untergrundverhältnisse sind sehr unterschiedlich zu beurteilen, da gips- und anhydritführende Schichten des Zechsteins das Stadtgebiet queren und teils zutage treten, teils in geringer Tiefe anstehen und stark der Auslaugung unterworfen sind. Außerdem ist im Bereich von Ilmenau alter Bergbau auf Kupferschiefer und Manganerze umgegangen. Auf Grund dieser Verhältnisse scheiden daher im Stadtgebiet und in der näheren Umgebung der Stadt größere Gebiete für eine Bebauung aus oder sind hierfür nur bedingt geeignet. Im Laufe der Jahre zeigte es sich immer wieder, daß gerade diese Gebiete, weil sie verkehrstechnisch günstig liegen, von der Bauplanung aus Unkenntnis des Untergrunds in Anspruch genommen wurden.

Durch die Auswertung sämtlicher erreichbarer Schürfe, Bohrungen und natürlicher Aufschlüsse und auf Grund mehrjähriger gutachtlicher Tätigkeit konnte nunmehr der Versuch unternommen werden, eine ingenieurgeologische Karte zu entwickeln, die dem Baufachmann beim Planen und Bauen Auskünfte über die Untergrundverhältnisse und eventuell zu erwartende Schwierigkeiten liefert. Es waren also die Forderungen der Baupraxis, die den unmittelbaren Anstoß zur Entwicklung der inzwischen gedruckt vorliegenden Karte (J. WIEFEL 1962) gaben.

Die vorliegende ingenieurgeologische Detailkarte der Stadt Ilmenau im Maßstab 1 : 5000 ist nach der amtlichen Definition „die endgültige ingenieurgeologische Unterlage für den Städtebau bei komplizierten geologischen Verhältnissen". Die Darstellung des umfangreichen geologischen, hydrogeologischen und ingenieurgeologischen Beobachtungsmaterials läßt sich bei einer ingenieurgeologischen Detailkarte nicht auf einem Kartenblatt vereinen. In unserem Falle waren folgende Karten notwendig:

1. Aufschlußkarte
2. Geologische Karte
3. Wasserkarte
4. Baugrundkarte
5. Karte der ingenieurgeologischen Einheiten

Zur Baugrundkarte und zur Karte der ingenieurgeologischen Einheiten werden zur Erläuterung ausführliche Tabellen beigegeben. Schließlich sind dem Kartenwerk eine Erläuterung und eine Aufschlußkartei beigefügt.

Die Aufschlußkarte (Abb. 1)

In der Aufschlußkarte sind sämtliche erreichbaren Schürfe und Bohrungen, alle zur Zeit sichtbaren natürlichen Aufschlüsse und Steinbrüche sowie ehemalige Schächte, Stollen und Pingen nach den Unterlagen des VEB Geologische Erkundung West, BA Jena, und des VEB Baugrund Berlin, Zweigstelle Naumburg, und auf Grund von Geländebegehungen eingetragen. Alle Aufschlußarten (Schürfe, Bohrungen, Peilstangenbohrungen usw.) wurden gesondert dargestellt. Aus der Darstellung auf der Karte geht hervor, welche Tiefe die jeweilige Bohrung hat, ob die Profilbeschreibung von Ingenieurgeologen stammt, wo bodenphysikalische Untersuchungen und Wasseranalysen ausgeführt sind und ob Angaben über den Wasserstand vorliegen. Um das Auffinden eines bestimmten Aufschlusses auf der Karte zu erleichtern, wurde die Aufschlußkarte in sechs Felder (A—F) geteilt und innerhalb jedes Feldes die Numerierung der Bohrungen, Schürfe und sonstigen Aufschlüsse von neuem begonnen. Diese Dokumentationskarte kann jederzeit weitergeführt werden. Die Schichtenfolgen sämtlicher Aufschlüsse sind in einer Aufschlußkartei den Erläuterungen beigefügt.

Die Geologische Karte

Als geologische Unterlagen dienten neben eigenen Geländebeobachtungen und den vorhandenen Schurf- und Bohrregistern eine geologische Revisionskartierung im Maßstab 1:10000 von J. JUNGWIRTH (1958, unveröffentlicht) und eine Spezialkartierung im Rotliegendanteil 1:2000 von H. LÜTZNER (1960) auf der Grundlage des in erster Auflage von E. ZIMMERMANN (1908) und zur Revision von F. DEUBEL (1942, unveröffentlicht) bearbeiteten Blattes Ilmenau der geologischen Spezialkarte im Maßstab 1:25000. Obwohl von vornherein bekannt war, daß die geologische Karte vorwiegend von Nicht-Geologen benutzt werden wird, wurden an der Darstellung der geologischen Verhältnisse keinerlei Abstriche oder Vereinfachungen vorgenommen, zumal das bei dem großen Maßstab der Karte gar nicht vertretbar gewesen wäre. Auch die bei geologischen Spezialkarten z. Zt. übliche Symbolik wurde eingehalten. Wir sind der Meinung, daß gerade in Gebieten mit komplizierten geologischen Verhältnissen und sehr unterschiedlich aufgebauten Schichtenfolgen eine Vereinfachung oder Umdeutung der geologischen Karte von den verschiedenen Benutzerkreisen mißverstanden werden kann, ganz abgesehen davon, daß dieses Verfahren sehr subjektiv ausfallen müßte. Natürlich soll eine Vereinfachung nicht grundsätzlich abgelehnt werden, wenn sie maßvoll und logisch durchgeführt wird (etwa Zusammenfassung verschieden alter permokarbonischer Konglomerathorizonte oder pleistozäner Schotterlager). Die geologische Karte wurde mit einer Mächtigkeitstafel (Abb. 2) und zwei geologischen Spezialschnitten versehen.

Am Aufbau des Stadtgebiets sind Quartär, Buntsandstein, Zechstein, Rotliegendes und Granit mit altpaläozoischem Schiefermantel beteiligt. Der Granit mit seinem Kontakt tritt am Ehrenberg unter dem Rotliegenden des Thüringer Waldes hervor. Das Rotliegende wird von Sedimenten vorwiegend grobklastischer Natur und Effusivgesteinen mit ihren Tuffen aufgebaut. Am Zechsteinausstrich beteiligen sich über der bekannten Folge von Zechsteinkonglomerat, Kupferschiefer und Zechsteinkalk die Auslaugungsrückstände des Zechsteinsalinars, meist graue und rote Schiefertone mit Gips- und Dolomitzwischenlagen bzw. entsprechenden Residualbildungen. Als 15—20 m mächtige Einschaltung kommt darin der Plattendolomit (Zechstein 3) vor.

Im Zechstein 1 treten mächtigere Gipslager auf, die in größerer Tiefe schließlich als Unterer und Oberer Werra-Anhydrit mit dem eingeschalteten Werra-Steinsalz vorliegen. Nach N schließen sich die Schichten des Buntsandsteins an. Die quartären Deckschichten beschränken sich auf Schotter, Kiese und Auelehm in der Ilmaue und den Nebentälern und auf Hangschuttbildungen an den Unterhängen verschiedener Täler.

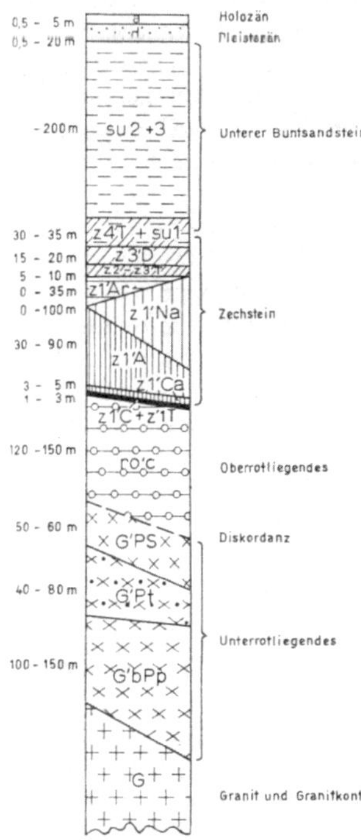

Abb. 2.
Mächtigkeitstafel

Die Lagerungsverhältnisse werden durch große Störungen am Nordrand des Thüringer Waldes bestimmt. Westlich Ilmenau wird dieser durch eine steile Flexur gebildet, die am Westrand des Stadtgebiets in überkippte Schichtenstellung übergeht. Durch den alten Ilmenauer Bergbau ist etwa 300 m nördlich eine Parallelstörung aufgeschlossen worden. Östlich von Ilmenau ist das Vorland an einer weiteren, herzynisch verlaufenden Störung abgesunken, die meist unter pleistozäner Bedeckung verborgen ist (Ehrenbergstörung). Zwischen der Randflexur westlich von Ilmenau und der Ehrenbergstörung östlich von Ilmenau tritt der Zechstein mit seinen salinaren Bildungen über dem Rotliegenden und dem Granit in flacher Lagerung auf, so daß die Auslaugung hier großflächig wirksam wird. Zeugen dieses Prozesses sind die zahlreich vorhandenen und ständig neu entstehenden Erdfälle sowie zahlreiche breite und flache Senkungsgebiete, die z. T. abflußlos sind und als Seen in Erscheinung treten.

Die Wasserkarte

Von besonderem Wert für jedes Bauvorhaben sind Aussagen über die hydrogeologischen Verhältnisse. Sie waren im Stadtgebiet von Ilmenau schwierig, besonders, weil Wasserstandsbeobachtungen, wie sie für das Baugeschehen von Bedeutung wären, zur Zeit noch sehr spärlich vorhanden sind und sich neben einigen Flachbrunnen auf die in den Schürfen und Bohrungen gemessenen Wasserstände beschränken mußten. Nach DIN 4049 versteht man unter Grundwasser das die Hohlräume der Gesteine zusammenhängend ausfüllende und nur der Schwerkraft unterliegende Wasser. Sickerwasser ist in engen Hohlräumen des Erdreichs sich abwärts bewegendes Wasser, soweit es nicht als Grundwasser zu bezeichnen ist. In Gebieten mit stärkerem Relief, wie es im Mittelgebirge der Fall ist, wird bei Gründungstiefen bis zu 2,0 m nur in begrenzten Bereichen (Talauen) Grundwasser angetroffen werden. Dagegen tritt an den Talhängen häufig Sickerwasser auf, welches jedoch starken jahreszeitlichen Schwankungen unterliegt. Für das Ilmenauer Gebiet hat es sich deshalb als zweckmäßig erwiesen, zwischen Grund- und Sickerwasser zu unterscheiden. Eine Wasserkarte aus dem Mittelgebirgsbereich wird daher anders aufgebaut sein als eine solche aus dem Flachland, beispielsweise die Wasserkarte von Berlin-Mitte im Maßstab 1: 4000, in der in erster Linie Grundwasserisohypsen dargestellt sind. Der Chemismus des Wassers wurde unter Berücksichtigung der wichtigsten Ionen in Säulenprofilen dargestellt, wobei jeweils die Prozentgehalte angegeben wurden. Die absoluten Werte sind in einer Tabelle beigefügt. Besondere Beachtung wurde der Frage der Betonaggressivität, die durch CO_2- oder SO_4-Ionen hervorgerufen werden kann, geschenkt.

Die Baugrundkarte

Auf der Baugrundkarte werden die lithologischen Verhältnisse von Schacht- und Lastboden dargestellt (GRAUPNERsches Prinzip). Unter Lastboden wird die die Bauwerkslast aufnehmende Schicht verstanden, während als Schachtboden das Material bezeichnet wird, welches bis zur Gründungssohle ansteht. Die Gründungssohle wurde auf eine allgemeine Tiefe von 2 m bezogen, was den im Ilmenauer Raum üblichen Gründungstiefen entspricht. Der Lastboden (unterhalb 2 m Tiefe) wurde durch Flächenfarben dargestellt. Der Schachtboden wurde nur dann als Signatur auf der Flächenfarbe des Lastbodens vermerkt, wenn er vom Lastboden abweichende Beschaffenheit aufweist. Sind Schacht- und Lastboden gleich ausgebildet, ist daher nur die Flächenfarbe angegeben worden. Die getrennte Darstellung von Schacht- und Lastboden auf der Baugrundkarte bewirkt gegenüber der Geologischen Spezialkarte eine erweiterte Aussage besonders über die Beschaffenheit der obersten 2 m. Sie ist für den Nicht-Geologen leichter lesbar als die verschieden stark abgedeckte Geologische Spezialkarte. So zeigt sich, daß die Ausbildung des Schachtbodens vom Relief der Erdoberfläche abhängt. Zum Beispiel ist die Mächtigkeit von Hangschuttbildungen am Hangfuß im allgemeinen größer als am Oberhang. Der Schachtboden besteht daher am Unterhang aus Hangschutt, am Oberhang dagegen liegt er teilweise im festen Anstehenden. In anderen Fällen werden jedoch lithologisch annähernd einheitliche Komplexe verschiedener stratigraphischer Stellung auf der Baugrundkarte gemeinsam dargestellt. Das Material von 0—1,0 m Tiefe ist unberücksichtigt geblieben. Sollte es z. B. beim Straßenbau von Interesse sein, so sind Angaben hierüber aus einer der Baugrundkarte beigegebenen Tabelle zu entnehmen.

Die Karte der ingenieurgeologischen Einheiten (Abb. 3)

Sie gibt besonders den Nicht-Geologen in leicht lesbarer Form eine allgemeine Einschätzung des Baugrunds unter Berücksichtigung aller ingenieurgeologischen Faktoren. Die Gebiete mit Gipsauslaugung, aber auch Gebiete, in denen Grund- oder Sickerwasser das Baugeschehen nachteilig beeinflussen können, sind gegenüber den Flächen ohne Gründungsschwierigkeiten auf nichtauslaugbarem Untergrund abgegrenzt, wobei die ortsübliche Bauweise zugrunde gelegt wurde. Gebiete mit Festgesteinen in normaler Gründungstiefe und einem Grundwasserstand unterhalb der Gründungssohle sind als ingenieurgeologische Einheit 1 ausgeschieden worden, wobei stratigraphisch und petrographisch sehr unterschiedliche Gesteine (Granit, Porphyr, Rotliegendsedimente und Buntsandstein) zusammengefaßt werden konnten. Der Baugrund ist für alle ortsüblichen Bauvorhaben geeignet. Bei Wohnbauten, landwirtschaftlichen Bauten und Bauvorhaben geringerer Bedeutung ist keine weitere ingenieurgeologische Begutachtung notwendig.

Als Einheit 2 wurden von Wasser beeinflußte Lockergesteine ausgeschieden, wobei als Einheit 2a die im Grundwasserbereich liegenden Talfüllungen, als Einheit 2b die nachweislich Sickerwasser führenden Hangschuttbildungen erfaßt wurden. Unter Berücksichtigung der Grund- und Sickerwasserverhältnisse ist bei Bauten in obenangeführtem Umfange keine weitere ingenieurgeologische Begutachtung erforderlich.

Das auslaugungs- und erdfallgefährdete Gebiet ist, da verschiedene Gefahrenzonen vorliegen, in mehrere Einheiten gegliedert worden. Einheit 3 umfaßt Gebiete mit akuter Erdfallgefahr. Der Wasserstand ist im allgemeinen hoch und starken Schwankungen unterworfen. Erdfälle sind häufig vorhanden, und es entstehen laufend weitere Einbrüche. Es handelt sich um einen sehr bedenklichen Baugrund, eine Bebauung ist nach Möglichkeit zu vermeiden. Infolge des starken Einfallens am Gebirgsrande bilden die gipsführenden Schichten des Zechsteins einen nur schmalen Ausstrich. Er ist als Einheit 4 bezeichnet worden. Hier sind Erdfälle möglich. In dieser Einheit erscheinen auch die durch alten Bergbau gefährdeten Gebiete. Bei sämtlichen Bau-

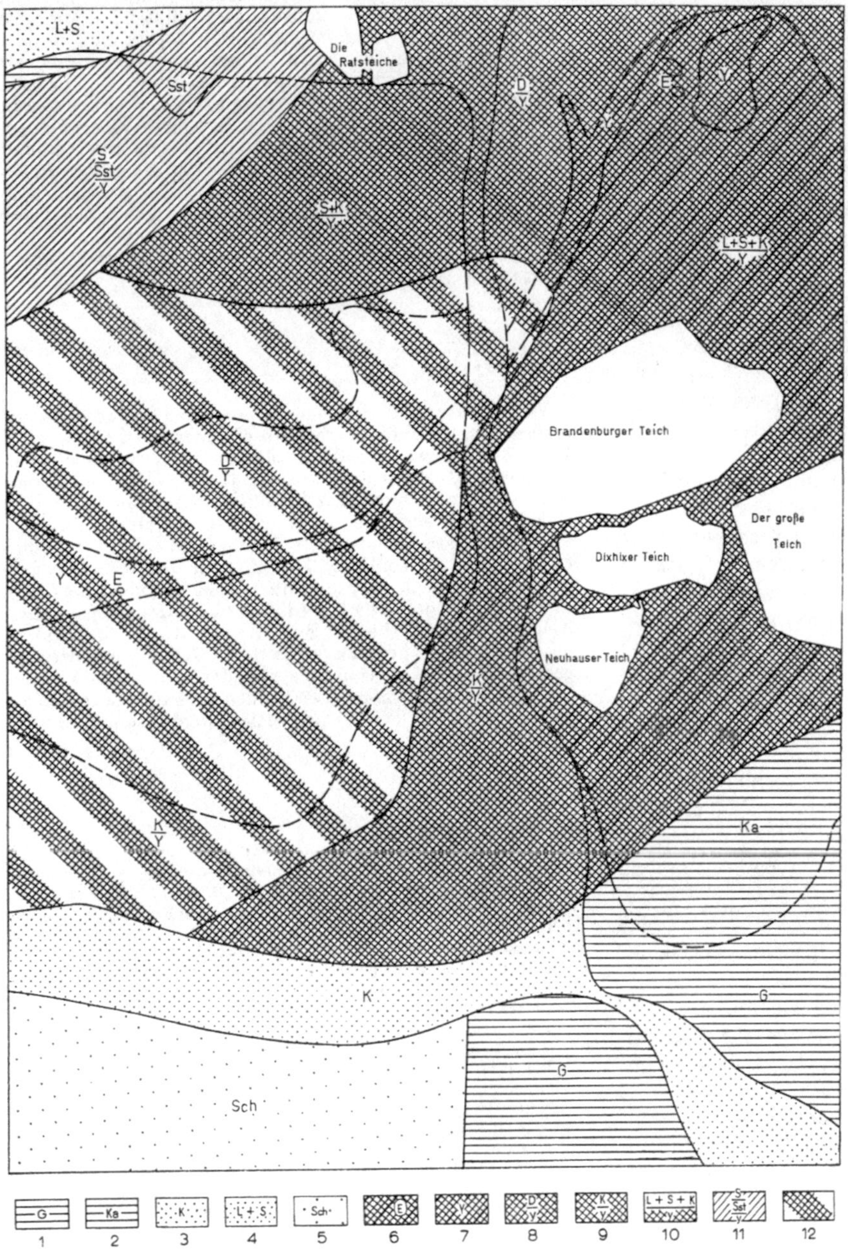

Abb. 3. Karte der ingenieurgeologischen Einheiten der Stadt Ilmenau (Ausschnitt)

vorhaben ist eine ingenieurgeologische Begutachtung unbedingt erforderlich. Gebäude, die größere Menschenansammlungen aufzunehmen haben (Schulen, Kinos usw.), sowie andere wichtige Bauwerke sind auf jeden Fall zu vermeiden. Die Errichtung von Bauwerken geringerer Bedeutung ist nach eingehender Überprüfung der Auslaugungsgefahr möglich, jedoch ist eine anderweitige Nutzung (Grünflächen, Parkanlagen usw.) vorzuziehen.

Gebiete mit auslaugbaren Gesteinen im tieferen Untergrund wurden in Einheit 5 ausgeschieden. Hier ist die Senkungs- und Erdfallgefahr stark abgeschwächt. Sie ist jedoch nicht zu vernachlässigen. Eine weitere ingenieurgeologische Begutachtung ist bei kleineren Bauvorhaben empfehlenswert, bei großen Bauvorhaben (z. B. Wohnsiedlungen, Industriebauten) jedoch erforderlich.

Der alte Stadtkern bildet die Einheit 6. Die pleistozäne Überdeckung sowie die dichte Bebauung erschweren die genaue Erfassung der Verhältnisse im Untergrund. Die ingenieurgeologischen Verhältnisse sind wie bei Einheit 4 angeführt. Eine ingenieurgeologische Begutachtung ist bei jedem Bauvorhaben erforderlich.

3. Zur Wirtschaftlichkeit der ingenieurgeologischen Kartierung

Wie schon eingangs betont, wird die Wirtschaftlichkeit

Erläuterung zur Abb. 3

Lfd. Nr.	Gesteinsbezeichnung	kurze Charakterisierung	ingenieurgeologische Einheit
1 2	Granit Kalksteine, Sandsteine	Festgesteine	1
3 4	Kies Lehm und Sand	Lockergesteine im Grundwasserbereich	2a
5	Gehängeschutt	Lockergesteine mit Sickerwassereinfluß	2b
6	Erdfall im Bereich verschiedener Gesteine		
7	Gips mit Schieferton-lagen und Auslaugungs-rückständen	Gebiete mit akuter Erdfallgefahr	3

Lfd. Nr.	Gesteinsbezeichnung	kurze Charakterisierung	ingenieurgeologische Einheit
10	Lehm, Sand und Kies über Gips	Gebiete mit akuter Erdfallgefahr	3
8 9	Dolomit über Gips Kies über Gips	Durch Erdfälle und alten Bergbau gefährdetes Gebiet	4
11	Sand über Sandstein über Gips bzw. Sandstein über Gips	Gebiete mit Gips im tieferen Untergrund	5
12	alter Stadtkern mit verschiedenen Gesteinen		6

der ingenieurgeologischen Begutachtung mit der Erarbeitung ingenieurgeologischer Karten wesentlich erhöht. Die ingenieurgeologische Detailkarte der Stadt Ilmenau wurde im Sommer 1960 begonnen und lag im Herbst 1961 fertig vor. Zu ihrer Ausarbeitung waren keine Schurfmittel nötig, was jedoch nicht ausschließt, daß für andere Objekte zusätzliche Schürfe und Bohrungen erforderlich sind. Im Mai 1961 beantragte das Kreisbauamt Ilmenau eine ingenieurgeologische Begutachtung des gesamten Stadtgebiets und seiner näheren Umgebung für Planungszwecke. Mit der ingenieurgeologischen Detailkarte von Ilmenau konnte dem Antrag in kurzer Zeit in einem Umfang entsprochen werden, wie es normalerweise nicht möglich gewesen wäre.

Inzwischen ereignete sich im Herbst 1962 im Stadtgebiet (Ingenieurgeologische Einheit 6) ein Senkungsschaden. Das betreffende Haus wurde durch die Staatliche Bauaufsicht gesperrt. Da es seit 1920 der dritte Senkungsschaden auf engstem Raume ist, handelt es sich aller Wahrscheinlichkeit nach um Gipsauslaugung. Die ingenieurgeologische Karte ließ eine schnelle Orientierung über die geologischen und ingenieurgeologischen Verhältnisse zu, so daß ohne Zeitverlust über die zweckmäßigste Sicherung und die notwendigen Folgemaßnahmen entschieden werden konnte.

Ständige Verwendung findet die ingenieurgeologische Karte — besonders darin liegt ihre Wirtschaftlichkeit — bei den laufenden Planungen, wodurch die zuständigen Bearbeiter genaue Unterlagen über die Einschätzung eines Standorts als Baugelände zur Verfügung haben und über seine Eignung für bestimmte Bauvorhaben weitgehend selbst entscheiden können.

Zusammenfassung

Mit der aus fünf Einzelblättern bestehenden ingenieurgeologischen Detailkarte der Stadt Ilmenau im Maßstab 1 : 5000 wurde eine möglichst ausführliche und dennoch übersichtliche Kartengrundlage für Planung und Projektierung des Städtebaus, des Industriebaus und des Verkehrswesens angestrebt.

Eine Karte der ingenieurgeologischen Einheiten gibt in übersichtlicher Weise Auskunft über die Gebiete mit einwandfreiem Untergrund, die Gebiete, in denen unter Berücksichtigung der besonderen hydrogeologischen Verhältnisse gebaut werden kann, und über die Gebiete, in denen im Falle einer Bebauung besondere technische Maßnahmen erforderlich sind oder von einer Bebauung nach Möglichkeit abgesehen werden sollte. Durch die Art der Darstellung und die Beigabe einer Tabelle wurde erreicht, daß in bestimmten Fällen weitere ingenieurgeologische Begutachtungen entfallen. Darüber hinaus liefert die Baugrundkarte Aussagen über den zu erwartenden Untergrund, dessen verschiedene Eigenschaften gleichfalls in einer Tabelle zusammengefaßt worden sind.

Резюме

Детальная инженерно-геологическая карта города Ильменау в м. 1:5000 состоит из пяти листов. Она должна дать подробную и одновременно обозримую основу для планирования и проектирования городского, промышленного и транспортного строительства.

Карта инженерно-геологического районирования наглядным образом вырисовывает области хорошего строительного грунта, области, в которых можно возвести сооружения с учетом особых гидрогеологических условий, и области, в которых возведение сооружений требует специальных технических мероприятий или где рекомендуется вообще не строить. Способ изображения и приложение таблицы позволяют сэкономить в определенных случаях дополнительные инженерно-геологические работы. Сверх того, карта строительных грунтов (литологическая карта) содержит данные о предполагаемой последовательности слоев, различные свойства которых также сведены в одной таблице.

Summary

With the five individual sheets containing engineering-geological detailed map of the town of Ilmenau on the scale of 1:5000 efforts were made to obtain a base as detailed as possible, yet clearly arranged, for the planning and design work in town, industrial and traffic construction.

A map of engineering-geological units clearly informs about those areas characterized by perfect subsoil, enabling construction in consideration of their particular hydrogeological conditions, requiring special technical measures in case they should be covered with buildings, or where such a covering should be left out of account. By the kind of description and addition of a table further engineering-geological expertise could be abandoned in certain cases. Moreover, the soil map gives evidence of the subsoil to be expected, whose different properties are also summarized in tabular form.

Literatur

DEUBEL, F.: Orogenetische und magmatische Vorgänge im Paläozoikum Thüringens. — Beitr. Geol. Thür., 1, H. 1, S. 16—48, Jena 1925.

GOETHE, J. W. v.: Nachricht von dem ehemaligen Bergbau bey Ilmenau in der Grafschaft Henneberg und Vorschläge ihn durch eine neue Gewerkschaft wieder in Aufnahme zu bringen. [Weimar 1783] — Abgedruckt in: GOETHE, die Schriften zur Naturwissenschaft, 1, S. 32—55, Weimar (Böhlaus Nachf.) 1947.

GRAUPNER, A.: Baugrundgeologie von Hildesheim. — Geol. Jb. f. d. Jahre 1943—1948, 64, S. 349—402, Hannover/Celle 1950.

Beispiele ingenieurgeologischer Baugrundkarten. — Geologie und Bauwesen, 20, 2, S. 77—82, Wien 1953.

— Ingenieurgeologische Kartierung von Felsböden. — Bautechnik, 35, 6, S. 245—248, Berlin 1958.

GRUMBT, E.: Der Nordost-Rand des Thüringer Waldes zwischen Ruhlaer Kristallin und Schwarzburger Sattel. — Abh. deutsch. Akad. Wiss. Berlin, Kl. Chem., Biol. Geol., 1959, H. 3, Berlin 1959.

LORETZ, H., R. SCHEIBE & E. ZIMMERMANN: Blatt Ilmenau und Erläuterungen. — Geol. Spezialkarte von Preußen und den Thüringischen Staaten 1 : 25000, Lieferung 64, Berlin 1908.

LÜDECKE, O.: Die Erdfälle am Bahnhof Elgersburg, besonders der alte Schloßteich. — Z. Naturwiss., 51, S. 588—589, P., Berlin 1878.

LÜTZNER, H.: Saalische Bewegungen im Rotliegenden des mittleren Thüringer Waldes. — Diss., math.-nat. Fak. Univ. Jena 1960 (im Druck).

RÖBLING, I. & G. TAMM: Die ingenieurgeologische Karte der Stadt Berlin, Stadtbezirk Mitte, Maßstab 1 : 4000. — Z. angew. Geol., 7, H. 4, S. 198 bis 201, Berlin 1961.

SCHULZ, V.: Die Seen bei Ilmenau und die natürlichen Grundlagen ihrer Entstehung. — Thür. Monatsbl., 22, (1914/15), S. 84—85, 109—112. Erfurt 1914.

WEBER, H.: Fragen der Oberflächengestaltung in der Thüringer Zechstein- und Triaslandschaft. — Hallesch. Jb. mitteldeutsch. Erdgesch., 1, S. 259—275, Halle 1952.

— Die Flußschotter oberhalb der Talauen im Thüringerwalde. — Wiss. Z. Univers. Greifswald, 4, (1954/55), math.-nat. Reihe, S. 339—349, Greifswald 1955.

— Einführung in die Geologie Thüringens. — VEB Deutsch. Verl. Wissensch., Berlin 1955, Bild 45, 46.

WIEFEL, J.: Ingenieurgeologische Detailkarte der Stadt Ilmenau, Maßstab 1 : 5000 (mit einem geologischen Teil von J. JUNGWIRTH). — Hsg. v. Zentr. Geol. Inst., Berlin 1962. 5 Ktn., 115 + 4 S., 3 Tafeln, 6 Tab.

Methodik der ingenieurgeologischen Kartierung und der Aufstellung ingenieurgeologischer Karten. — Z. angew. Geol., 7, H. 3, S. 142—148, Berlin 1961.

Zeitschrift für angewandte Geologie, Bd. 10 (1964) H. 1

Zur Konstruktion von geologischen Schnitten aus gekrümmt verlaufenden Bohrlöchern[1])

Alfred Lenk, Zwickau

Einleitung

Die Erkundung durch Bohrungen besonders von geologischen Körpern mit geneigter Lagerung, deren Inhalt mit bergbaulichen Mitteln gewonnen werden soll, erreicht nur dann einen optimalen Stand, wenn es gelingt, auch die genaue räumliche Position der erbohrten Körper anzugeben. Exakte Schnitte, die Grundlage für wichtige technologische Überlegungen, sind nur bei Kenntnis der genauen räumlichen Position zu konstruieren.

Werden bei Auffahrungen andere geologische Körper angetroffen, als in den entsprechenden Schnitten angegeben worden ist, so liegt das in den meisten Fällen an einer ungenügenden Auswertung räumlicher Daten. Es ist üblich, durch entsprechende Konstruktion von Hilfsschnitten oder durch Berechnung von Koordinaten die genaue Raumlage der Endpunkte der sich aus den Inklinometermessungen ergebenden Bohrlochabschnitte und der in ihnen angetroffenen Schichten zu ermitteln. Mit diesen Daten kann man jeden beliebigen Riß eines Bohrlochs konstruieren. Der geologische Schnitt aber ist mehr, er entsteht ferner unter Berücksichtigung des Streichens und Einfallens der Schichten, die auch dann berücksichtigt werden müssen, wenn sie nur annähernd bekannt sind.

Grundlagen

Die Konstruktion von Schnitten aus Bohrdaten ist je nach Lage der Schnittebene und nach Lage und Verlauf des Bohrlochs unterschiedlich schwierig, wie die Abb. 1 bis 6 zeigen.

Der Betrachtung der einzelnen Abbildungen werden zunächst einige Erläuterungen zum besseren Verständnis voraus geschickt. Alle Blockbilder der Abb. 1 bis 6 werden nach oben und unten durch Sohlenschnitte ABCD und EFGH begrenzt.

Nur das Blockbild Abb. 3 wird nach oben von einer schrägen Schnittebene BCEH begrenzt. Alle seitlichen Begrenzungsflächen der in den Abb. 1 bis 6 dargestellten Blockbilder sind Vertikalschnittebenen. In den vorgenannten Abbildungen wurde der Bohrlochansatzpunkt immer mit A bezeichnet. Als Signatur für die Bohrlochachse wurde — · · · und für die Schichtspuren in den Schnittebenen — · — gewählt. In allen Blockbildern wurde die gleiche Schichtlage angenommen, wobei die Flächen ABEF und die Schicht dasselbe Streichen haben. Die Konstruktion eines geologischen Schnittes setzt, das wurde schon in der Einleitung bemerkt, Kenntnisse über Streichen und Fallen der durchteuften Schichten voraus.

Bei der Konstruktion der in Abb. 1 dargestellten Schnittebenen sind nur Elementarprobleme zu lösen. Selbst für die Konstruktion des Sohlenschnittes ABCD braucht man nur ein Hilfsdreieck mit dem Winkel des wahren Einfallens zu konstruieren oder zu berechnen. Die Vertikalschnittebene ACEG der Abb. 2 kann mit dem Winkel des scheinbaren Einfallens der Schicht in Richtung dieser Ebene konstruiert werden, wobei man gleichzeitig Punkte findet, die die Konstruktion des Sohlenschnittes ABC möglich machen.

In Abb. 3 liegt mit AE ebenfalls ein vertikal verlaufendes Bohrloch vor, in dem die Schicht angetroffen wurde. Die Konstruktion der schrägen Schnittebene BCEH kann mit den Hilfsschnitten AEFB und FBCG erreicht werden. Will man die schräge Schnittebene BCEH ohne Hilfsschnitte konstruieren, so müssen die im Bohrloch angetroffenen Schichtgrenzen in die Schnittebene projiziert werden. Als Projektionsstrahlen kommen z. B. die in Abb. 3 mit p bezeichneten Strahlen in Frage. Es sind aber alle die Projektionsstrahlen zur Lösung dieser Aufgabe geeignet, die durch die Bohrlochachse gehen, in der Schicht liegen und die Schnittebene treffen (durchstoßen).

In Abb. 4 ist ein nicht seigeres, aber geradlinig verlaufendes Bohrloch AG gezeigt. Die Vertikalschnittebene ist so gewählt, daß das Bohrloch in ihr liegt. Bei der Konstruktion der Schnittspuren der Schicht in dieser Ebene ist außer dem scheinbaren Einfallen der Schicht das Einfallen des Bohrlochs zu berücksichtigen. Die übrigen Schnittebenen lassen sich mit Hilfe des Vertikalschnittes ACEG leicht konstruieren.

Hat ein gekrümmt verlaufendes Bohrloch einen Schichtkomplex durchteuft und soll aus den erhaltenen Bohrdaten ein geologischer Schnitt entwickelt werden, so läßt sich dieser selbst bei genauen Kenntnissen über Streichen und Fallen der Schicht nur mit angenäherter Genauigkeit konstruieren. Durch die Punkte der Inklinometermessungen wird das Bohrloch in Abschnitte unterteilt, von welchen jeder ein Bogenstück darstellt. Verbindet man die Anfangs- und Endpunkte der Bohrlochabschnitte (Bogenstücke) untereinander geradlinig, so erhält man ihre Sehnen und damit im ganzen gesehen ein geradlinig-gebrochen verlaufendes Bohrloch. Die Längendifferenz zwischen dem jeweiligen Bogenstück

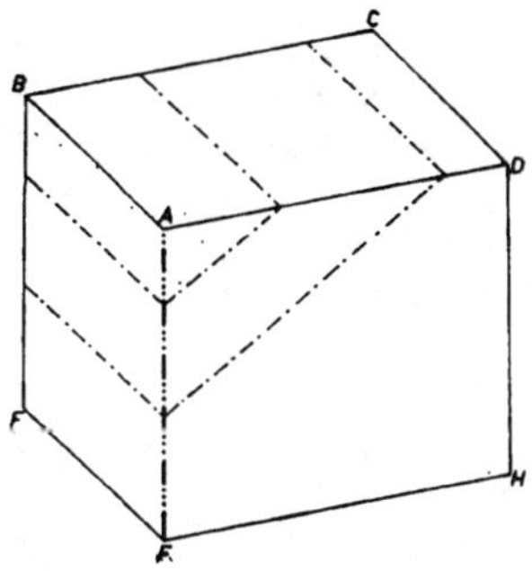

Abb. 1

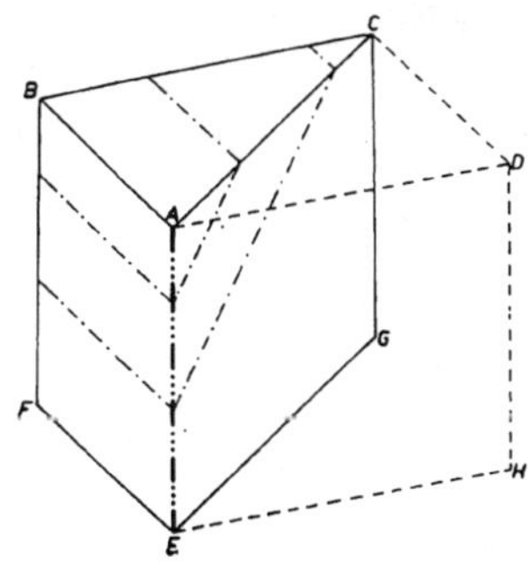

Abb. 2

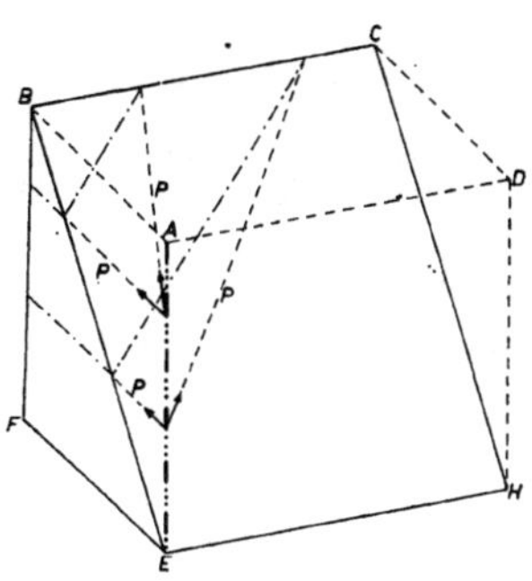

Abb. 3

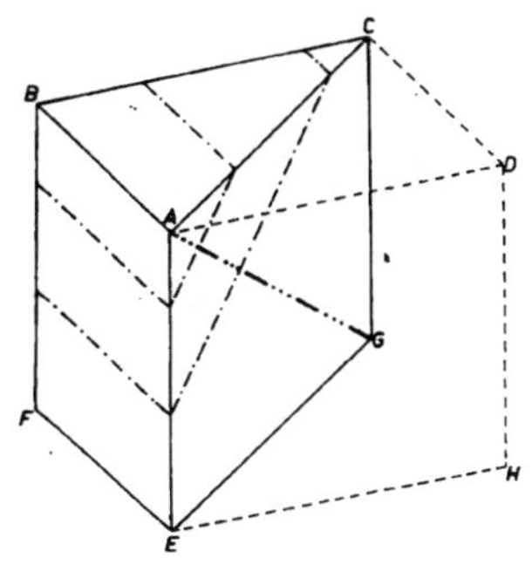

Abb. 4

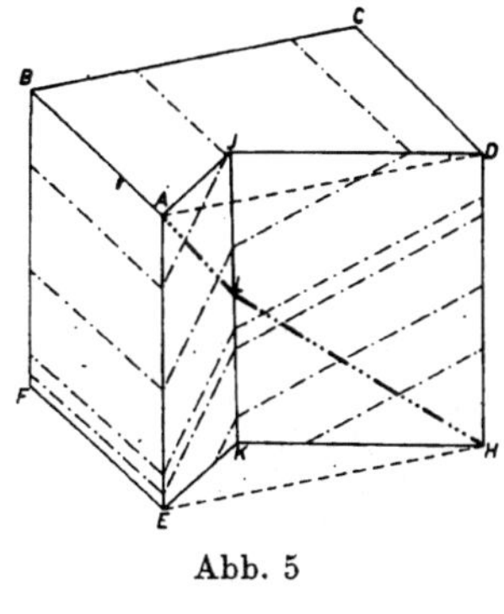

Abb. 5

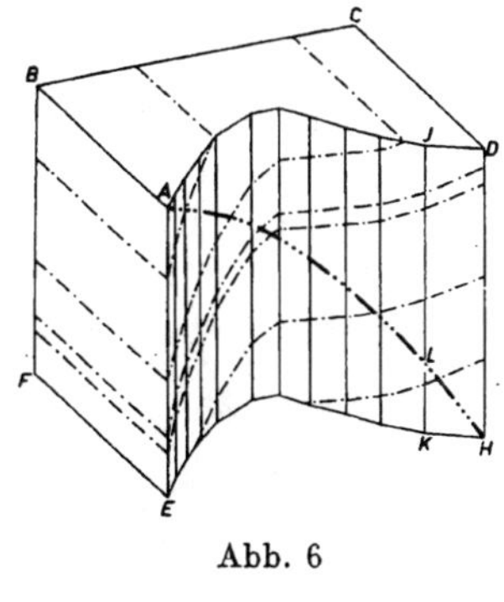

Abb. 6

[1]) Eingang des Manuskripts in der Redaktion: 28. 6. 1963

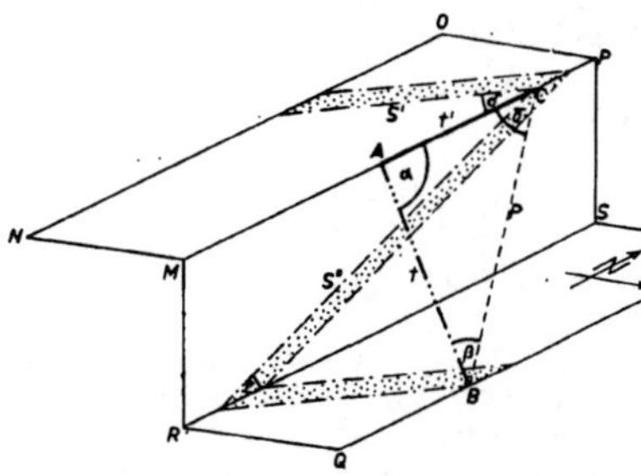

Abb. 7

des Bohrlochs und der zugehörigen Sehne hängt von der Länge des Bogenstücks und seiner Krümmung ab. Daraus ist die Schlußfolgerung zu ziehen, daß durch Verringerung der Inklinometermeßpunktabstände überhaupt und in stark gekrümmten Bohrlochabschnitten im besonderen der Grad der Genauigkeit der Darstellung erhöht werden kann. Selbstverständlich gibt es in Anbetracht der praktischen Belange Grenzen für die Verringerung der Meßabstände und ein Optimum, das erstrebt werden sollte. Da diese Frage aber außerhalb des vorgesehenen Themas liegt, wird auf eine weitere Erörterung verzichtet.

In Abb. 5 wurde ein gekrümmt verlaufendes Bohrloch durch 2 geradlinig verlaufende Abschnitte AL und LH dargestellt. Die Vertikalschnittebenen AIKE und IDHK sind so gewählt, daß die vorgenannten Bohrlochabschnitte in ihnen liegen. Hinsichtlich ihrer Konstruktion werfen diese beiden Schnitte die gleichen Probleme auf wie der Schnitt ACGE in Abb. 4 mit einem in ihm liegenden geradlinig verlaufenden Bohrloch.

Abb. 6 zeigt ein ähnlich verlaufendes gekrümmtes Bohrloch wie Abb. 5. Während aber Abb. 5 nur das Prinzip der Zerlegung eines gekrümmt verlaufenden Bohrlochs in geradlinige Abschnitte erkennen läßt, kommt die Darstellung in Abb. 6 dem Optimum der Größenwahl der Bohrlochabschnitte schon näher. 11 streifenförmige Vertikalschnitte, einer von ihnen ist die Ebene IDHK, wurden so aneinandergereiht, daß die geradlinigen Bohrlochabschnitte in ihnen liegen. Prinzipiell stellt die Schnittkonstruktion in Abb. 6 gegenüber Abb. 5 nichts Neues dar, im einzelnen gestaltet sich die Konstruktionsarbeit aber nicht nur umfangreicher, sondern auch schwieriger.

Methode

Im folgenden soll gezeigt werden, wie man unter Umgehung der Konstruktion dieser vielen Hilfsschnitte, wie sie in Abb. 6 besprochen worden sind, einen beliebigen geologischen Schnitt aus gekrümmt verlaufenden Bohrlöchern mit Hilfe des SCHMIDTschen Netzes und einer einfachen trigonometrischen Formel schnell und sicher konstruieren kann.

Da es hier nur um die Darstellung des Prinzips dieser Methode geht, begnügt Verf. sich mit der Betrachtung der ersten beiden Abschnitte eines Bohrlochs, an deren Endpunkten Schichtgrenzen durchteuft worden sind. Selbstverständlich ist die Anwendung dieser Methode nicht auf diesen Sonderfall beschränkt.

Zum besseren Verständnis der Abb. 7, 11, 12 sei vorausschickend bemerkt, daß es sich dabei um räumliche Bilder von Schnittebenen handelt, wobei die Ebenen MNOP, QRST und UVWX Horizontalschnitte und alle übrigen Vertikalschnitte sind. In den von diesen Ebenen gebildeten Raum sind Bohrlochabschnitte, Schichtspuren und Projektionsstrahlen gestellt. Einzelne Erläuterungen zu diesen Elementen folgen unten.

In den Abb. 8, 9, 10 und 13 sind Oleate dargestellt, die auf dem SCHMIDTschen Netz basieren. In den Oleaten sind lineare Elemente als Punkte (Achsenpole) und flächenhafte Elemente als Spuren (Großkreise) dargestellt. Die Spur des Sohlenschnittes ist die Peripherie des Oleats, die Spuren der vertikalen und schrägen Schnitte wurden mit e, die Spur der Schichtung mit s bezeichnet. Der Großkreis mit t und p stellt die Spur des Schnittes ABC aus den Abb. 7, 11, 12 dar.

Ist ein Bohrlochabschnitt (s. Abb. 7) mit den Endpunkten A und B, sein Streichen und Fallen und seine Länge (Tiefe) t sowie seine Schichtgrenze in B gegeben, wobei Streichen und Fallen dieser Grenzfläche als bekannt vorausgesetzt werden, so kann man die Länge t′ und das Streichen seiner geologischen Horizontalprojektion ermitteln.

Unter geologischer Projektion ist im allgemeinen eine schiefe Projektion zu verstehen, die mit einem Projektionsstrahl p, der in der Schichtfläche liegen muß, erreicht wird. Die Länge von t′ wird nach Formel (1) ermittelt:

$$t' = t \cdot \frac{\sin \beta}{\sin \gamma} \qquad (1)$$

Aus Abb. 8 ist zu ersehen, wie man die Winkel β und γ auf Großkreisabschnitten abzählen kann. t und p schließen immer den Winkel β, p und t′ bzw. (t′) immer den Winkel γ ein. Folgende Schritte sind bei der Anfertigung des Oleats, das in Abb. 8 dargestellt ist, zu unterscheiden:

a) Zeichne den Achsenpol der geologischen Horizontalprojektion des Bohrlochabschnitts t′ unter Berücksichtigung des beabsichtigten Streichens ins Oleat ein!

b) Zeichne den Achsenpol des Bohrlochabschnitts t (bei Inklinometermessungen werden Zenitwinkel angegeben!) ins Oleat ein!

c) Zeichne die Spur der Schichtfläche s als Großkreis ins Oleat ein! Sie schneidet die Spur der Schnittebene e im Achsenpol der Kreuzlinie k. Liegt die Schnittebene horizontal, so entspricht k dem Achsenpol der Streichlinie der Schicht.

d) Bringt man t und t′ durch Drehung des Oleats auf einen gemeinsamen Großkreis, so schneidet dieser die Spur der Schicht s im Achsenpol des Projektionsstrahls p. Markiere p im Oleat!

Mit der geologischen Horizontalprojektion des Bohrlochabschnitts, d. h. mit Strecke t′ und ihrem Streichen, ist auch der Punkt C (s. Abb. 7) bekannt, durch den die Schichtspuren s′ und s″ verlaufen. Die Richtung der Schichtspur s′ entspricht dem Streichen der Schicht. Die Richtung der Schichtspur s″ ist aus Abb. 8 zu ermitteln, die räumliche Vorstellung unterstützt dabei Abb. 7. Im Vertikalschnitt schließen der Achsenpol der Kreuzlinie k und die Verlängerung der geologischen Horizontalprojektion des Bohrlochabschnitts (t′) den Winkel ε ein. Durch einen Punkt und die Richtung ist die Lage der Schnittspuren s′ und s″ in den entsprechenden Schnitten ausreichend bestimmt.

Es lassen sich mit den gleichen Mitteln auch schräge Schnitte konstruieren. Wie Abb. 9 zeigt, erscheint die Spur einer schrägen Schnittebene e als Großkreis zwischen der Trasse und der Peripherie des Netzes, wodurch der Projektionsstrahl p und die Kreuzlinie k eine andere Lage bekommen. Das Streichen von t′ wählt man in Sohlenschnitten so, daß sich die Konstruktion des Schnittes möglichst einfach gestaltet, entweder in der Fallrichtung der Schicht oder in N—S- bzw. W—E-Richtung. In Vertikal- und Schrägschnitten muß das Streichen von t′ immer dem Streichen der zu konstruierenden Schnitte entsprechen.

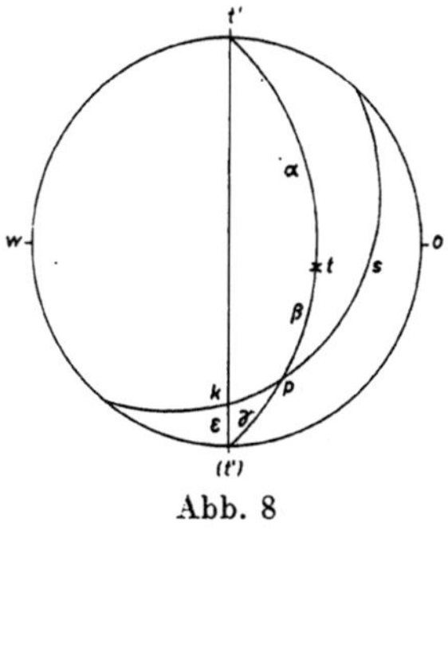

Abb. 8

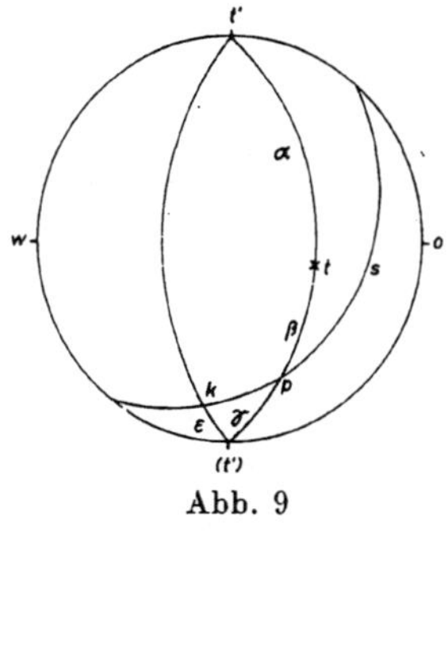

Abb. 9

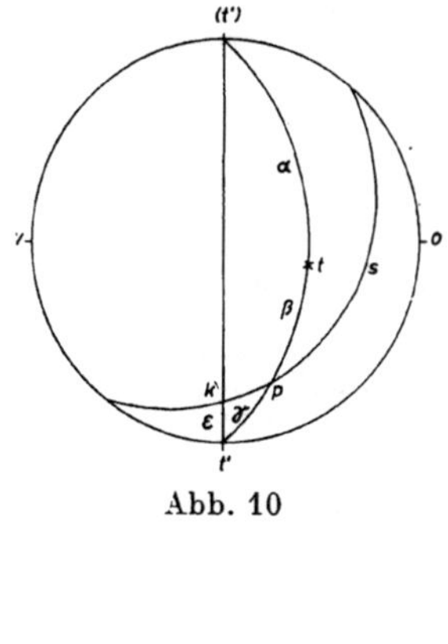

Abb. 10

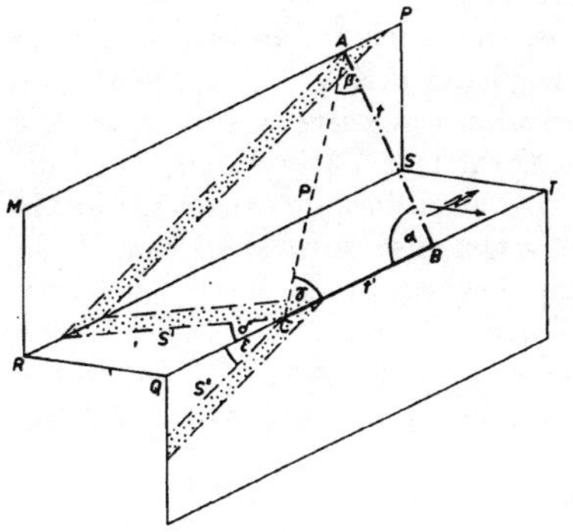

Abb. 11

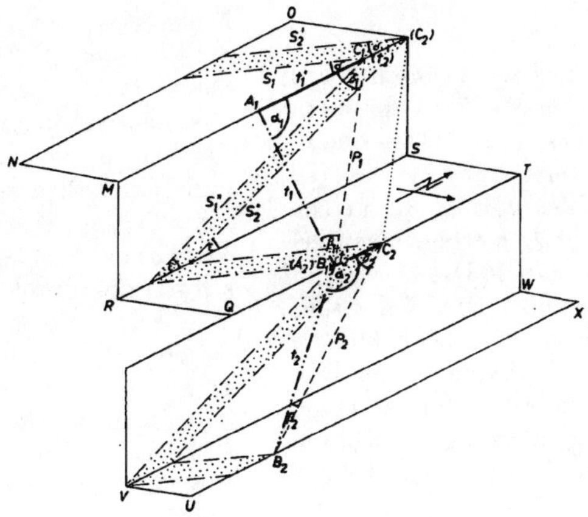

Abb. 12

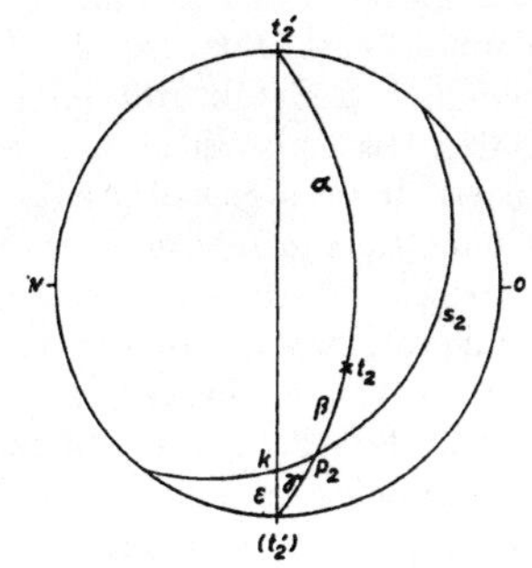

Abb. 13

In den Abb. 7 und 8 ist der Achsenpol der geologischen Projektion des Bohrlochabschnitts t′, der auf der Peripherie des Netzes liegt, wie üblich zweifach eingetragen worden, und zwar wurde dieser Achsenpol in Richtung des Schichteinfallens mit (t′) bezeichnet. t′ liegt also in Richtung des Schichtanstiegs. Diese Anordnung von t′ und (t′) ist anzuwenden, wenn t′ im Niveau des Anfangspunktes A des Bohrlochabschnitts liegen soll. Liegt t′ im Niveau des Bohrlochabschnittsendpunktes B, so wählt man die umgekehrte Anordnung von t′ und (t′), wie das in Abb. 10 und 11 gezeigt wird. Mit dieser Regelung ist die Möglichkeit gegeben, Sohlenschnitte für beliebige Niveaus zu konstruieren.

In Abb. 12 ist zu sehen, wie die Sohlenschnittspuren s_1' und s_2' und die Vertikalschnittspuren s_1'' und s_2'' der Schichtflächen s_1 und s_2, die in den Bohrlochabschnittsendpunkten B_1 und B_2 ein und desselben Bohrlochs angetroffen wurden, zu konstruieren sind.

Die Ermittlung von t_1' geht aus den Abb. 7 und 8 hervor, die von t_2' aus den Abb. 12 und 13. Durch t_1' ist Punkt C_1, durch t_2' Punkt C_2 bestimmt. C_1 und C_2 sind Punkte auf den gesuchten Schichtspuren. Wie Abb. 12 zeigt, braucht man t_1' nur um t_2' zu verlängern, um C_2 in das Niveau von C_1 zu legen. Damit liegt im Schnittniveau jeder Schichtfläche ein Spurpunkt fest. Die Richtung der Schnittspuren sind durch die Winkel δ und ε gegeben.

Die Schnittkonstruktionen, die hier an 2 Bohrlochabschnitten gezeigt wurden, lassen sich auch mit beliebig vielen Bohrlochabschnitten durchführen. Eventuelle Unterschiede in den Lagerungsverhältnissen der durchteuften Komplexe müssen dabei berücksichtigt werden.

Die Anwendbarkeit dieser Methode in der Praxis unterscheidet sich nicht von den der eingangs erwähnten bisherigen Methoden.

Zusammenfassung

Es wird eine Methode der Konstruktion von geologischen Schnitten beliebiger Lage aus gekrümmt verlaufenden Bohrlöchern beschrieben. Diese Methode ist einfach zu handhaben, und da sie die üblichen rißlichen Darstellungen des Bohrlochverlaufs umgeht, ist sie auch zeitsparend.

Резюме

Описывается метод конструкции геологических разрезов любого положения по наклонным скважинам. Метод просто в применении и приводит к сокращению времени, так как он пренебрегает обычным картографическим изображением направления ствола скважины.

Summary

A method is described for the construction of geological sections of arbitrary position in curvilinear boreholes. It is simple to operate and saves time too, because it avoids the usual plan representations of the shape of the borehole.

Zum Erdgas im Becken von Lacq[1])

BOLESŁAW KRUPIŃSKI & TADEUSZ MUSZKIET, Warschau

Die Energieprobleme Europas wachsen von Jahr zu Jahr. Bis vor kurzem war Kohle fast der einzige Träger der primären Energie. Gegenwärtig nimmt sie in der Energiebilanz der Welt und Europas neben Erdgas und der Wasserenergie ihren Platz ein. Daher erfordern die Energieprobleme unseres Landes, Europas und der Welt eine komplexe Erörterung, und das sowohl in der nächsten als auch in der weiteren Perspektive. Zu diesem Zweck ist das Studium der bekannten französischen Erdgaslagerstätte von Lacq von besonderem Interesse.

Die obere Erdöllagerstätte

Das Becken von Lacq liegt im Departement Basses-Pyrénées 25 km westlich der alten Stadt Pau. Hier hat die Staatliche Erdölgesellschaft „Société Nationale des Pétroles d'Aquitainie", abgekürzt S.N.P.A., in den letzten Tagen des Jahres 1949 zum ersten Mal eine Erdöllagerstätte in Frankreich entdeckt, die sich für eine industrielle Exploitation eignet. Die geologische Struktur wurde durch Seismik gefunden. Erdöl konnte in 650 m Teufe in kretazischen Ablagerungen nachgewiesen werden. Dieser Horizont, der später die Bezeichnung „Lacq Supérieur" erhielt, wurde sofort zur Produktion übergeben. Anfangs lag die Erdölförderung bei 300000 t pro Jahr. Seit 1954 zeigt sie eine abfallende Tendenz. Bis Ende 1960 wurden aus dieser Lagerstätte insgesamt 2 Mill. t Erdöl aus 30 Sonden gefördert. Gegenwärtig liegt die Produktion bei ungefähr 100000 t/Jahr, wobei eine weitere absteigende Tendenz zu verzeichnen ist.

[1]) Aus: „Nafta", 1963, XIX, Nr. 5, S. 107–110, auszugsweise
Übers.: I. SCHENK.

Die untere Erdgaslagerstätte

Nach der Inbetriebnahme der Erdölgewinnung aus dem „Lacq Supérieur“ begann die S.N.P.A., die auch Sucharbeiten auf Erdöl und Erdgas in der Sahara und in Spanien durchführt, mit der Untersuchung der tieferen geologischen Strukturen im Becken von Lacq. Im Dezember 1951, als eine Teufe von 3550 m erbohrt war, ereignete sich ein gewaltiger Gasausbruch. Das Gas war in hohem Grade giftig und leicht brennbar. Es rief eine sehr schnelle Zerstörung des Gestänges hervor. Das Fehlen an Brennstoffvorräten in Frankreich erlaubte jedoch kein Zurückweichen vor den Schwierigkeiten. So entschloß sich die S.N.P.A., die Untersuchungen weiterzuführen und die Schwierigkeiten, die sich aus dieser Lagerstätte ergaben, zu überwinden.

1952 wurde mit Untersuchungsbohrungen in bestimmter Entfernung nördlich und südlich von Lacq 3 begonnen. Durch diese wurde eine genügend große Ausdehnung der Lagerstätte festgestellt, um ihren Abbau zu begründen unter der Voraussetzung, daß die technischen Probleme gelöst werden können.

Die Versuche, die auf einer dieser Bohrungen mit Rohrsegmenten durchgeführt wurden, die entgegen den ausländischen Förderrohren, die gewöhnlich hierzu verwendet wurden, der Korrosion nicht unterlagen, haben eine gute Förderfähigkeit der tiefen Erdgaslagerstätte nachgewiesen. Leider mußten die Versuche nach einigen Tagen unterbrochen werden, da sich die innere Kunststoff-Auskleidung dieser Rohre unter dem Einfluß der Alkaliemulsionen, die als Schutzstoffe verwendet wurden, und der verhältnismäßig hohen Lagerstättentemperatur abgeschält hatte.

Von Anfang an wirkte die S.N.P.A. in Zusammenarbeit mit dem Physikalischen Laboratorium für Metalle an der „École Centrale“ an den von französischen Hüttenwerken durchgeführten Untersuchungen und der Herstellung von Stahl mit. Dieser Stahl sollte gegen die Wasserstoffkorrosion unter Einwirkung von H_2S, das im Gas von Lacq reichlich vorhanden ist, stabil sein.

Im Rahmen dieser Zusammenarbeit wurde das Problem zuerst vom Stahlwerk in Pompey gelöst, dann durch die „Ateliers et Forges de la Loire“, die „Société Schneider“ und die „Société Lorraine-Escaut“, welche der S.N.P.A. entsprechende Stahlsorten vorschlugen, die für die Verwendung in Lacq geeignet waren.

Darauf mußten Untersuchungen zur Herstellung von Förderrohren aus diesen speziellen Stahlsorten vorgenommen werden. Die Entwicklung einer Methode für die thermische Behandlung, welche es ermöglichen sollte, den Stahlsorten eine Molekularstruktur zu verleihen, die den möglich wirksamsten Korrosionsschutz schaffen sollte, erfolgte auf der Grundlage des Stahls aus Pompey. Die ersten an die S.N.P.A. gelieferten Rohre wurden in den Jahren 1955 und 1956 getestet.

Die guten Ergebnisse dieser Teste zeigten, daß das Problem der Schwefelwasserstoffkorrosion praktisch gelöst war, so daß man mit den Exploitationsarbeiten beginnen konnte.

Eine Reihe anderer Probleme verlangte ebenfalls bedeutende schöpferische Anstrengungen seitens der verantwortlichen Techniker. Es ist nicht möglich, sie alle im Rahmen dieser Arbeit aufzuzählen. Daher beschränken sich Verf. darauf, nur einige davon anzuführen.

Um diese große Naturkraft, wie sie das Rohgas von Lacq darstellt, zu bezwingen, mußten die Förderrohre mit Dichtungen versehen werden, die ein Entweichen von Gas unmöglich machten, und die dem besonders hohen Druck und der Ausstattung der Bohrlochmündungen mit Hochdruckventilen aus nichtkorrodierbarem Stahl angepaßt waren.

Als notwendig erwies sich auch der äußere Schutz der Verrohrung, die in Lacq der elektrolytischen, chemischen und bakteriellen Korrosion ausgesetzt sein konnte. Die Installierung eines Kathodenschutzsystems, das die Verrohrung vor der Korrosion bewahren sollte, war ein schwieriges Problem wegen des Auftretens von vagabundierenden Strömen, hervorgerufen durch die elektrifizierten Eisenbahnlinien. Durch gemeinsame Untersuchungen und Arbeiten mit der S.N.C.F. (Staatliche Eisenbahn) wurde eine günstige technische Lösung dieses Problems gefunden.

Schließlich konnte nach Überwindung dieser Schwierigkeiten die Exploitation der Lagerstätte mit einer Gasförderung von 1 Mill. m^3/Tag im März 1957 begonnen werden. Von diesem Zeitpunkt an wurde die Gasgewinnung etappenweise erhöht, bis sie im Jahre 1961 ihren maximalen Stand mit 20 Mill. m^3/Tag erreichte.

Die nachfolgende Aufstellung charakterisiert das Gas und die geologischen Verhältnisse des Beckens von Lacq im Verhältnis zu anderen bekannten Becken der Erde.

Merkmale	Lacq Frankreich	Saint Marcet Frankreich	Cortemaggiore Italien	Pincher-Creek Kanada
Geringste Teufe	3300 m	1600 m	1880 m	3500 m
Schichtdruck (zu Beginn)	670 kg/cm²	135 kg/cm²	177 kg/cm²	350 kg/cm²
Temperatur an der Bohrlochsohle	140° C	65° C	47,5° C	88° C
H_2S-Gehalt	15,2%	0%	0%	10%
CO_2-Gehalt	9,6%	0%	0%	4,5%
Methan und Äthan	72,5%	93,4%	94,3%	78,5%

Charakteristik der Erdgaslagerstätte

Das Gas von Lacq ist an den Porenraum von Gesteinen einer ausgedehnten Antiklinale gebunden, deren Scheitel in annähernd 3200 m Teufe liegt. Sie ist ungefähr 15 km lang und 9 km breit. Die Flanken fallen steil nach N und S ein. Die Decke der Lagerstätte besteht aus einer Schicht von undurchlässigen Mergeln, die „Mergel de Sainte-Suzanne“ genannt werden. Ihre Mächtigkeit schwankt zwischen 600 m über dem höchsten Punkt der Lagerstätte und 1200 m auf der westlichen Flanke. Speichergesteine sind Kalk und Dolomit, die zur Unteren Kreide und zum Portland gehören.

Die mittlere Porosität der Speicherschichten beträgt 3%. Der Speicher besteht aus zwei verschiedenen Serien: Die ersten zweihundert bis dreihundert Meter setzen sich aus dichten Kalken zusammen, deren Porosität selten größer als 1% und deren Permeabilität sehr klein ist. Darunter tritt eine Dolomitserie auf, deren Speichereigenschaften wesentlich besser sind: Die Porosität erreicht im zentralen Teil der Struktur durchschnittlich 7%.

Ein wesentliches Merkmal der Speicher im Becken von Lacq ist die Klüftung, welche die ungünstigen Gesteinseigenschaften ausgleicht und der Mehrzahl der Ablagerungen eine sehr hohe Produktivität verleiht.

Obwohl die letzte Bohrung Lacq 110 Salzwasser erbrachte, hat die derzeitige Erkundung des Feldes zu der

Zeitschrift für angewandte Geologie, Bd. 10 (1964) H. 1

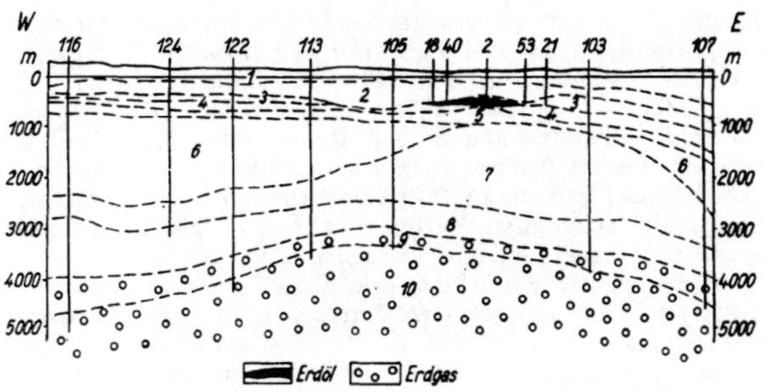

Abb. Geologischer Schnitt durch die Erdöl- und Erdgaslagerstätte von Lacq

1 — Miozän und Oberes Eozän (Molasse), 2 — mergeliges unteres Eozän, 3 — mergelig-kalkiges Asturien, 4 — kalkiges und dolomitisches unteres Senon, 5 — kalkiges und dolomitisches Turon—Cenoman, 6 — mergeliges Alb—Apt, 7 — kalkiges Alb—Apt, 8 — unteres Apt (Mergel de Sainte-Suzanne), 9 — Oberer Jura (Dolomite und Sandsteine), 10 — Neokom (Kalke, Tone und Dolomite)

Feststellung geführt, daß die Begrenzung der Lagerstätte mit einer allmählichen Abnahme der Porosität und der Klüftung auf den Flanken der Struktur zusammenhängt.

Von Beginn der Ausbeutung der Lagerstätte an wurde festgestellt, daß der Gasdruck gleichmäßig abfällt und 0,65 kg/cm² pro geförderte 100 Mill. m³ Gas entspricht. Auf dieser Voraussetzung kann man die Gasvorräte auf 245 Mrd. m³ berechnen, wovon ungefähr 200 Mrd. gefördert werden können.

Die Ausrüstung der Bohrungen und des Verteilungsnetzes

Die Durchschnittsteufe einer Bohrung beträgt 4000 m, bei einigen Bohrungen sogar 4500 m. Die Bohrung Lacq 116 wurde bei einer Teufe von 5240 m in Produktion genommen.

Die Untersuchungen während der Übergabe der Lagerstätte zur Exploitation führten zur folgenden Verbesserung der Förderausrüstung.

Zu Beginn der Förderung hatte die Produktionsrohrtour einen Durchmesser von $2^3/_8''$. Sie war aus Gründen der Sicherheit von einer zweiten Rohrtour mit einem Durchmesser von 4″ umgeben, wobei diese Größen später durch $2^7/_8''$ und 5″ ausgetauscht wurden. Dieses System einer Doppelproduktionsrohrtour wurde in der Folge durch eine einzige mit einem Durchmesser von 4″ ersetzt.

Die Verwendung von Förderrohren mit größerem Durchmesser hatte natürlich eine Kapazitätszunahme der einzelnen Sonden zur Folge. Außerdem konnte die Geschwindigkeit des Gasdurchflusses in den Rohren, die aus Sicherheitsgründen anfangs auf 3 m/sec begrenzt war, vergrößert werden auf Grund von Versuchen, die bei einer Förderung mit hohen Geschwindigkeiten vorgenommen wurden und die ergaben, daß die Korrosion nicht wesentlich zunimmt.

Diese aufeinanderfolgenden Rationalisierungen ermöglichten eine Steigerung der Produktion einiger Sonden auf mehr als eine Mill. m³/Tag. Infolgedessen konnte man sich im Förderprogramm auf nur 33 Bohrungen beschränken, die notwendig waren, um eine Förderung in Höhe von 20 Mill. m³/Tag zu erreichen.

Der Kopfdruck an der Bohrlochmündung beträgt 400—500 kg/cm². Er wird dann in zwei Etappen auf 100 kg/cm² reduziert. Danach wird das Gas durch ein Verbindungsnetz zum Verarbeitungswerk geleitet. Um die Gefahr einer Vergiftung auszuschalten, wurden alle Maßnahmen getroffen. Sowohl die Bohrschächte als auch die Abzweigungen des Verteilungsnetzes stehen unter ständiger Kontrolle. Eine elektronische Sicherheitsstation steht durch Funk mit jeder Bohrung in Verbindung; pro Minute finden sechs Ablesungen der Temperatur und des Drucks an sechs wichtigen Punkten der Bohrlochmündung statt. Die angeschlossenen Apparate unterliegen dabei jedesmal der Kontrolle. Alle anomalen Anzeichen werden in der Sicherheitsstation durch eine rote Blinklampe auf der Kontrolltafel sofort angezeigt. Abhängig von dem Grad der Gefahr, die sich aus diesen Anzeichen ergibt, kann der diensthabende Techniker entweder die einsatzbereite Interventionsmannschaft an die Schadensstelle hinausschicken oder den Bohrschacht sofort schließen lassen, wobei auf dem Funkwege die Anordnung übermittelt wird.

Das Verteilungsnetz, das vollkommen unterirdisch verlegt ist, wird durch Ventile in Abschnitte unterteilt. Diese Ventile schließen sich automatisch bei abnormen Änderungen des Drucks (sowohl bei Zunahme als auch bei Abnahme). Ihre Betätigung bewirkt in der Folge die Schließung aller anderen Ventile auf dem Wege bis zur Bohrlochmündung. In der Tiefe des Bohrlochs schließt sich automatisch ein trennendes Spezialventil, „stormchoke" genannt, wenn ein wesentlicher Druckabfall im oberen Teil der Säule zu verzeichnen ist. So ist also ein erhebliches Ausströmen von Rohgas in die Atmosphäre als Folge von Havarien praktisch unmöglich.

Geochemisches Symposium Prag 1963

In der Zeit vom 16.—21. 9. 1963 fand in Prag ein dem Gedenken von František Pošepný gewidmetes Symposium über Probleme der Entstehung postmagmatischer Erzlagerstätten statt. Auf dem Symposium wurden folgende Themen behandelt:

1. Fragen der Entstehung einer primären Zonalität in Erzgängen, Erzlagerstätten oder größeren Einheiten
2. Probleme des Elementtransports in postmagmatischen Lösungen
3. Gründe für oder gegen eine Unterscheidung der pneumatolytischen Phase bei der Klassifikation postmagmatischer Prozesse
4. Kriterien für das Erkennen von Metakristen
5. Die Rolle der selektiven Verdrängungen in hypogenen Erzlagerstätten

Zur Vorbereitung der Diskussion über die genannten Themen wurden bereits im Jahre 1962 auf diesen Gebieten arbeitende Geologen, Mineralogen und Geochemiker gebeten, kurze Beiträge einzureichen. Diese standen vor Beginn der Tagung den Teilnehmern zur Verfügung im „Symposium, Problems of postmagmatic ore deposition with special reference to the geochemistry of ore veins", Bd. I., Prague 1963, S. 1—588, einschließlich eines Ergänzungsbandes zum Bd. I, Prague 1963, S. 1—217, in dem sämtliche in russischer Sprache eingereichten und im Bd. I abgedruckten Beiträge in englischer Übersetzung vorgelegt wurden.

Zum ersten Thema wurden 65 Beiträge eingereicht (S. 33—365), zum zweiten Thema 20 Beiträge (S. 369—471), zum dritten Thema 6 Beiträge (S. 475—509), zum vierten Thema 8 Beiträge (S. 513—551 mit Abb.) und zum fünften Thema 6 Beiträge (S. 555—588 mit Abb.).

Während des Symposiums wurden zusätzlich folgende Vorträge zu den Themenkomplexen gehalten:

Thema 1

V. I. SMIRNOW: Regionale und lokale endogene Zonalität
J. KUTINA: Die Konzeption der monoaszendenten und polyaszendenten Zonalität
L. BAUMANN: Über die zonale Verteilung der Mineralisation in den Gängen des Freiberger Erzreviers
A. SCHNEIDER-SCHERBINA: Zeit und Raum der paragenetischen Ausscheidungsfolgen in hypogenen Erzlagerstätten Boliviens
Z. POUBA: Über einige Ursachen für eine Wiederholung der Mineralisation in Erzrevieren und Erzlagerstätten des böhmischen Massivs
L. J. LAWRENCE: Divergente und konvergente Erzabscheidungen unter den Bedingungen einer länger andauernden Mineralisation
J. H. BERNARD: Über das Zoning im Zips—Gömörer Erzgebirge als ein Beispiel für polyaszendente und monoaszendente Zonalität
I. KOSTOW: Über Zonalität und die Zeolith-Formation

Thema 2

D. S. KORSHINSKIJ: Allgemeine Gesetzmäßigkeiten postmagmatischer Prozesse
H. L. BARNES: Über den Erztransport unter hydrothermalen Bedingungen
G. KULLERUD & H. S. YODER jr.: Sulfid-Silikat-Reaktionen und ihre Beziehungen zur Erzbildung unter magmatischen, postmagmatischen und metamorphen Bedingungen
K. B. KRAUSKOPF: Der Gebrauch thermodynamischer Daten zur Charakterisierung der Bedingungen einer Erzbildung bei hohen Temperaturen
V. MANILICI & M. BORDOC: Geothermometrische Analyse als Kriterium zur Bestimmung der thermodynamischen und physico-chemischen Bedingungen der Bildung einer hydrothermalen Mineralisation
H. D. HOLLAND: Über die Lösung und Abscheidung von Kalzit in hydrothermalen Systemen
E. ROEDDER: Flüssigkeitseinschlüsse als Kriterium für die Natur erzbildender Prozesse

Thema 3

E. INGERSON: Über die Konzeption eines unabhängigen pneumatolytischen Stadiums bei der postmagmatischen Erzbildung
M. ŠTEMPROK: Genetische Merkmale der Lagerstätten der Zinn-Wolfram-Molybdän-Formation
L. N. OWCHINNIKOW: Über den Anteil von Gasen bei postmagmatischen Erzabscheidungen und über die Unterscheidung einer pneumatolytischen Phase.

Diese Vorträge wie auch die an den folgenden Tagen zur Diskussion gestellten zusammenfassenden Referate von J. KUTINA über die Zonalität, von J. ČADEK und Z. JOHAN über den Metalltransport, von M. ŠTEMPROK und M. VANAČEK über die Pneumatolyse, von J. HAK über Metakristen und von V. HANUŠ über die selektive Verdrängung sowie die sich anschließenden Diskussionsbeiträge werden vollständig in einem 2. Symposiumsband herausgegeben, der vermutlich im 2. Halbjahr 1964 erscheint.

Der relativ große Teilnehmerkreis am Symposium und das darüber hinausgehende allgemeine Interesse zeigten, daß die Organisatoren mit der Durchführung eines derartigen Symposiums einerseits und mit der Wahl der Thematik andererseits einen „guten Griff" getan haben. Bei der zunehmenden Erkenntnis über die Kompliziertheit lagerstättenbildender Vorgänge, bei der ständig zunehmenden Arbeitskapazität der geochemisch und lagerstättenkundlich orientierten Institute und Laboratorien in allen Ländern, der damit steigenden Veröffentlichungstätigkeit und bei der ständig zunehmenden Spezialisierung des einzelnen ist es ein dringendes Bedürfnis geworden, Tagungen mit einer derartigen Thematik durchzuführen, damit ein intensiver Erfahrungsaustausch, unter Umständen auch eine Koordinierung der Arbeiten und eine Diskussion über verallgemeinernde Begriffe stattfinden können. Das Symposium hat dieses Ziel in vollem Maße erreicht, besonders, wenn man in Betracht zieht, daß ein internationales „Committee of genesis of ore deposits" gebildet wurde, welches die angebahnten Beziehungen weiter pflegen soll und sich als Aufgaben gestellt hat,

a) die organisatorischen Arbeiten zwischen den mit vierjährigem Abstand (jeweils zwischen den Internationalen Geologenkongressen) durchzuführenden Symposien zu erledigen,
b) Tagungsorte und zu behandelnde Themenkomplexe für die Symposien vorzuschlagen und
c) Diskussionen über lagerstättengenetische Probleme, die auf einem Symposium begonnen, aber nicht beendet wurden, fortzusetzen.

Als derzeitiger Vorsitzender des aus 20 Wissenschaftlern bestehenden Komitees fungiert Dr. KUTINA, ČSSR, als Sekretär Dr. BERNARD, ČSSR. Dr. RAKIC unterbreitete — vorbehaltlich der Zustimmung der jugoslawischen Dienststellen — den Vorschlag, das nächste Symposium 1966 nach Jugoslawien einzuladen. Als mögliche, dort zu behandelnde Themenkomplexe kommen in Frage

a) Genesis exhalativ-sedimentärer Lagerstätten
b) Struktur-lithologische Kontrolle von Erzlagerstätten
c) Veränderung des Nebengesteins bei der Vererzung und Einfluß des Nebengesteins auf die Vererzung
d) Unterschiede und Gemeinsamkeiten plutonischer und subvulkanischer Lagerstätten

Vom Komitee wird für richtig erachtet, sich bei zukünftigen Symposien auf zwei bis höchstens drei Themen zu beschränken, um eine noch gründlichere Diskussion zu ermöglichen.

Dem Symposium ging vom 10.—14. 9. eine Vorexkursion voraus. Hierbei wurden tertiäre Fluorit- und Baryt-Pyrit-Mineralisationen nahe Teplice (Teplitz) besucht, die Wolfram-Zinn-Lagerstätte Cinovec (Zinnwald), die ehemalige Bi-Co-Ni-U-Ag-Grube Jachimov (Joachimsthal), das Mofettenfeld bei Františkovy Lázně (Franzensbad) und die Blei-Zink-Gruben bei Stříbro (Mies) und Příbram. Nach dem Symposium wurden vom 22.—27. 9. zwei mit wenig Ausnahmen parallellaufende Exkursionen in die Slowakei durchgeführt. Nach einem Ausflug in die Hohe Tatra wurden die Baryt-Siderit-Sulfid-Grube und die Übertageaufschlüsse von Rudnăny (Kotterbach) besucht, der Magnesittagebau von Bankov bei Košice bzw. die Magnesitgrube Dubráva (Dubrau), die Siderit-Sulfid-Gänge bei Rožňava (Rosenau) und die Blei-Zink-Kupfer-Mineralisation von Banská Stiavnica (Schemnitz).

Das Geochemische Symposium Prag 1963 war ein voller Erfolg. Den Organisatoren, allen voran Dr. J. KUTINA und Dr. M. ŠTEMPROK, gebührt unser bester Dank für die viele Mühe und für die ausgezeichnete Organisation sowohl der Tagung selbst als auch der Exkursionen.

G. TISCHENDORF

Besprechungen und Referate

STAMMBERGER, F.

Zur ökonomischen Bewertung von Lagerstätten nutzbarer Rohstoffe

„Freiberger Forsch.-H.", C 147, Akademie-Verlag, Berlin 1962, 1 Bild, 12 Tab.

Es ist zu begrüßen, daß sich F. STAMMBERGER mit dem schon lange bekannten, in der DDR aber noch nicht behandelten und damit für uns wieder „neuen" Problem der ökonomischen Bewertung von Lagerstätten gründlich auseinandersetzt und damit den Geologen, Bergleuten, Ökonomen und Projektanten ein großes Betätigungsfeld eröffnet. Besonders in der augenblicklichen Situation scheint es angebracht, die Meinungen des Verf. kritisch zu untersuchen, sich mit ihnen zu beschäftigen, sie zu vertiefen, wo es notwendig, und fortzuführen, wo es möglich ist. Der Wert der Arbeit von F. STAMMBERGER besteht nicht nur darin, daß er einen umfassenden Überblick über Ansichten hervorragender ausländischer Autoren auf diesem Spezialgebiet gibt oder daß er die Auffassungen dieses Problems unter kapitalistischen Wirtschaftsverhältnissen denen unter sozialistischen Verhältnissen gegenüberstellt, sondern er besteht vor allem in dem Versuch, die Bewertung einer Lagerstätte und die sich daraus ergebenden ökonomischen Kategorien aus der klassischen marxistischen politischen Ökonomie abzuleiten. Im einzelnen werden von ihm folgende Fragen behandelt:

Kapitel 2: „Die ökonomische Bewertung von Lagerstätten unter kapitalistischen Wirtschaftsverhältnissen".

Der Verf. macht den Leser mit den prägnantesten Ansichten von Experten aus den USA, Westdeutschland und anderen westlichen Ländern zu dieser Frage bekannt und zeigt dabei mit aller Deutlichkeit die Aussichtslosigkeit des Versuchs einer nichtmarxistischen Deutung des Wertes einer Lagerstätte und die engbegrenzte Orientierung einer solchen auf den Gewinn als Maßstab der Bewertung. Außerdem weist er darauf hin, daß schon vor etwa 30 Jahren mathematische Methoden für die Bewertung von Montanbetrieben entwikkelt und angewendet wurden, diese aber bei uns nach 1945 in Vergessenheit geraten sind.

Kapitel 3: „Einige Vorschläge zur Bewertung von Lagerstätten nutzbarer Rohstoffe unter sozialistischen Wirtschaftsverhältnissen und kritische Analyse dieser Vorschläge".

Auch hier unternimmt F. STAMMBERGER den Versuch, Klarheit über Begriffe zu schaffen. In einer nüchternen, sachlichen und kritischen Analyse legt er die verschiedenen Auffassungen von Autoren sozialistischer Länder dar. Es wird deutlich, daß in anderen sozialistischen Ländern um diese Fragen seit längerer Zeit wissenschaftliche Streitgespräche geführt worden sind, die wir auf diesem Gebiet noch vermissen.

Kapitel 4: „KARL MARX und FRIEDRICH ENGELS über den Wert von Lagerstätten nutzbarer Rohstoffe".

In diesem Kapitel bekommt der Leser einen ausgezeichneten Überblick über die Begriffe Wert und Ware von KARL MARX und FRIEDRICH ENGELS im Hinblick auf Lagerstätten und ihr Wirken im volkswirtschaftlichen Rahmen. Diese Gesamtdarstellung und Klarstellung dient dem Verständnis der nachfolgenden Überlegungen des Autors.

Kapitel 5: „Stand der Ausarbeitung einer Methodik für die ökonomische Bewertung von Lagerstätten nutzbarer Rohstoffe in der UdSSR".

Dieses Kapitel nimmt jeden Zweifel darüber, daß die Erkundung nicht nur eine geologische Aufgabe ist. Es wird vielmehr jedem klar, daß die zwingende Notwendigkeit besteht, diese Arbeit immer mehr vom Auftrag und vom Standpunkt der volkswirtschaftlichen Bedeutung her zu erkennen. Der Verf. zeigt den fortgeschrittenen Stand der Arbeit auf diesem Gebiet in der UdSSR, wobei er aber aufgeworfene Fragen kritisch untersucht.

Kapitel 6: „Vorschlag zur ökonomischen Bewertung von Lagerstätten nutzbarer Rohstoffe in der DDR".

In diesem Teil wird dem Leser Einblick in die Gedanken F. STAMMBERGERs zu diesen Fragen gegeben. Sie sind einesteils fixiert in den Grundsätzen der Klassifikation und in den Instruktionen der ZVK, mit denen mit Erfolg jetzt in der Praxis gearbeitet wird, zum anderen handelt es sich um Darlegungen, die das Resümee aus den vielseitigen Erfahrungen, dem umfangreichen Literaturstudium und der wissenschaftlichen Arbeit des Verf. darstellen, die aber noch nicht überall in der DDR eine Einheitlichkeit in der Auffassung ergeben haben. Es handelt sich z. B. um die Begriffe, Definitionen und Methoden von einheitlichen Konditionen, notwendige minimale Kenntnisse zur Nutzung einer Lagerstätte, Methode der Varianten usw., um nur einiges zu nennen.

Zusammenfassend gibt der Verf. Hinweise für die praktische Arbeit. Es muß hervorgehoben werden, daß der Beitrag von F. STAMMBERGER für die Lehre an Hochschulen und für die Weiterbildung aller Interessierten auf diesem Gebiet von Bedeutung ist.

Es bleibt jetzt den Geologen, Bergleuten, Ökonomen und Projektanten überlassen, sich mit den aufgeworfenen Fragen auseinanderzusetzen und sich dazu zu äußern.

K. HIRSCH

MACHAIRAS, G.

Métallogénie de l'or en Guyane Française (Avec comparaison des districts Aurifères d'El Callao, Venezuela, de Porcupine, Canada et de Ity, Côte d'Ivoire

Mémoires du Bureau de Recherches Géologiques et Minières, Nr. 22, Paris 1963

Französisch-Guyana liegt an der atlantischen Küste im NE des südamerikanischen Kontinentes. Es umfaßt etwa 80000 km² und wird von 30000 Menschen, vorwiegend Kreolen, bewohnt.

Seine wichtigsten 17 Ganggoldvorkommen sind auf einem Kärtchen 1:1750000 dargestellt (Fig. 3, S. 45), wobei die Unterteilung in hohe, mittlere und schwache Au-Gehalte ein sehr anschauliches Bild über die Verteilung der Goldführung in den einzelnen Lagerstätten gibt. Die Legende der geologischen Karte gleichen Maßstabs (Fig. 2, S. 43) zählt auf: marines Quartär, Dolerite, karaibische Granite und Migmatite (= Oberes Präkambrium), guyanische Granite und Migmatite (= Unteres Präkambrium), Diorite, Gabbros und Amphibolite, wobei die drei letzten Gesteinskomplexe mit der gleichen Signatur dargestellt sind. Für die Dolerite nimmt der Autor mesozoisches Alter an. Die zwei goldreichen Zonen lagern in Gestalt ellipsoider Aureolen, die eine WNW—ESE-Hauptachse erkennen lassen, um die großen zusammenhängenden Granitgebiete des Landes.

Im Kapitel 3 seines mit vielen Abbildungen und 20 Tafeln vorzüglicher Dünnschliffphotographien versehenen Werks behandelt der Autor die Geologie von Französisch-Guyana; nachdem er dann ferner die einzelnen Goldgebiete, ihre Granite und die sie begleitenden Goldgänge beschrieben hat, beschreibt er in weiteren Kapiteln Paragenese und Metallogenie der goldführenden Gänge, die Struktur ihrer quarzigen Gangarten und die Geochemie des Goldes einschließlich der Rekristallisation des Alluvialgoldes.

Das Alluvialgold ist dispers weit verbreitet, abbauwürdige Goldseifen finden sich nur relativ vereinzelt und werden von einheimischen Goldsuchern ausgebeutet. Die bergmännischen Gewinnungsarbeiten beschränken sich auf das Ausgehende der Goldgänge und erreichen im Höchstfall 30 m Teufe. Der Autor vermutet, daß in größerer Teufe der Gänge ebenso noch größere Goldvorräte vorhanden sein könnten wie auch in alluvialen Seifen und Eluvionen, wenn diese in der Nähe der Gänge systematisch untersucht werden.

Die Goldvererzung ist vorwiegend an die älteren karaibischen Granite gebunden, mitunter steht sie auch zu den guyanischen Graniten in Verbindung. Immer aber findet sie sich in peribatholitischer Lage rings um die großen, von Goldgängen freien Granitmassive vorwiegend in den eingebetteten metamorphen Sedimenten oder in vereinzelten kleinen Granitkuppeln. Sowohl die goldbringenden karaibischen Na/K-Granite wie auch die guyanischen Na/Ca-Granite dürften ein jüngeres präkambrisches Alter besitzen.

Die wichtigsten Goldgänge treten in Nachbarschaft der Granite, vorwiegend in den Gesteinen der Paramaca-Serie, auf, die in ihrem oberen Teil aus rhyolithischen und andesitischen Laven, pyroklastischen Sedimenten und lokal aus Quarziten, in ihrem unteren Teil aus hochmetamorphen Schiefern mit Epidot und Amphibol bestehen.

Der Autor unterscheidet drei metallogenetische Phasen:

Erste Phase, hydrothermal-pneumatolitisch, vorherrschend mit Turmalin, daneben spärlich Pyrit, Chalcopyrit, Cubanit, Molybdänit, Scheelit und als Gangart kompakten massiven Quarz (Milchquarz, Rauchquarz, schwärzlichbläulicher Quarz), im Mittel mit 18 g/t Au.

Zweite Phase, unterteilt in hypothermale Phase mit wenig Turmalin, Pyrit, Chalcopyrit und kompaktem mitunter auch zuckerförmigem Quarz und eine mesothermale Phase mit Pyrit, Phyrrotin, Chalcopyrit, Blende, Bleiglanz, Arsenopyrit, Tetradymit, weiteren Tellurmineralien und vorherrschendem zuckerförmigem Quarz, im Mittel mit 30—40 g/t Au.

Dritte Phase, epithermal, wenig Pyrit und Chalcopyrit sowie Quarz, der mosaikartig aus zahlreichen bipyramidischen Kristallen aufgebaut ist mit unterschiedlichen und sehr absetzigen Gehalten von einigen g/t Au.

Als wichtigste Goldgewinnungsgebiete, in denen vorwiegend Gänge der zweiten Phase abgebaut werden, nennt der

Autor: Sophie, Saint Léon, Bois-Canon, Dorlin, Saint-Elie, Devez und Elysée-Pi. Er zieht Vergleiche zwischen den Golderzgängen Französisch-Guyanas und denen von El Callao in Venezuela, Porcupine in Kanada und Ity an der afrikanischen Elfenbeinküste. Die Beobachtungen des Verf. zeigen eine auffallende Übereinstimmung zu den Verhältnissen, wie sie auf weiten Gebieten der kristallinen Schilde Afrikas und anderer Kontinente auftreten. Ein genaues Studium seiner Arbeit ist jedem, der sich mit wissenschaftlicher Goldsuche befaßt, dringend anzuraten. E. LANGE

Autorenkollektiv

Das Karbon der subvariscischen Saumsenke

Ein Symposium

Teil 3. Das Steinkohlengebirge — Stratigraphie und Tektonik

In: Fortschr. Geol. Rheinld. u. Westf., Bd. 3, Teil 3, Krefeld 1962; S. XXI—XXVIII, 867—1282, 56 Taf., 83 Abb., 32 Tab.

Ein Autorenkollektiv hat in 26 Einzelbeiträgen den 3. Band des Symposiums geliefert. Die Beiträge sind ihrem Inhalt entsprechend geordnet, so daß die nebeneinandergestellten Einzelabhandlungen einen ausgezeichneten Gesamtüberblick über Forschungsstand und Problematik geben. Das Werk setzt sich aus folgenden Beiträgen zusammen:

Vorwort von J. HESEMANN und Inhaltsverzeichnis

I. Zur Stratigraphie des Steinkohlengebirges und seiner roten Hangendschichten

JOSTEN, K.-H.: Pflanzen- und Faunen-führende Schichten über Flöz Finefrau und Finefrau Nebenbank in einem Aufschluß bei Essen-Kupferdreh (4 Abb.)

Im beschriebenen Aufschluß folgen festländische Ablagerungen — mit 2 Flözen, einem Stubbenhorizont und pflanzenreichen Schichten — und marine Schiefertone — mit Foraminiferen, Goniatiten und mit erhöhtem Borgehalt — übereinander.

JESSEN, W., P. MICHELAU & A. RABITZ: Zur Flözgleichstellung in den Bochumer und Essener Schichten im Raum Essen—Gladbeck—Bottrop—Oberhausen (4 Tafeln, Abb. 2, 9 Tab.)

Die verschiedenen Zechenbezeichnungen für Flöze wurden vereinheitlicht. Anstelle der bisher parallelisierbaren Flözgruppen gelang die Parallelisierung von Einzelflözen trotz tektonischer und fazieller Anomalien z. T. erst aus dem größeren Zusammenhang. Die Flözabfolge der einzelnen Reviere ist in einer Tabellenserie übersichtlich zusammengestellt und auf 4 großen Profiltafeln dargestellt.

BACHMANN, M.: Feinstratigraphische Untersuchungen an der Grenze zwischen Unteren und Mittleren Bochumer Schichten (Westfal A) am linken Niederrhein (1 Tafel, 4 Abb., 2 Tab.)

Es wird eine Detailgliederung in marinen Schichten, Flözen und Sandsteinmitteln vorgenommen und in stratigraphischer und flächiger Darstellung sowie in Profilen wiedergegeben.

HEINE, F.: Die Untersuchungsbohrungen der Gelsenkirchener Bergwerks-AG in den Feldern Donar und Nordlicht/Lippermulde (11 Tafeln, 7 Abb., 4 Tab.)

Die großzügige Voruntersuchung zweier Reservefelder ist mit allen für eine geologische Projektierung erforderlichen Daten in äußerst lehrreicher Weise zusammengestellt, hierbei sind alle geologischen und technischen Belange in dem gegebenen Rahmen berücksichtigt.

ERNST, W.: Die Essener Schichten (Westfal B) zwischen Lünen und Werne (1 Taf.)

Die detaillierte feinstratigraphische Gliederung der Essener Schichten ist an Hand von 11 Richtprofilen ohne wesentliche Abweichungen innerhalb des angegebenen Gebietes nachzuweisen.

KORFMANN, W.: Die Essener Schichten (Westfal B) im Grubenfeld Monopol I (Ruhrgebiet) (1 Tafel, 4 Abb., 2 Tab.)

Wie zuvor, mit großer Übereinstimmung zwischen beiden Beiträgen. Kaolinkohlentonsteine bewährten sich als Leithorizonte. Die Mächtigkeit der Essener Schichten wächst nach E an.

BACHMANN, M. & K.-E. ENGELS: Zur Stratigraphie der tieferen Essener Schichten (Flöz Zollverein 7 bis Flöz Katharina/Hermann 1. — Westfal B) am Niederrhein. (6 Abb., 1 Tab.)

Sechs feinstratigraphische Profilaufnahmen bilden die Grundlage zur Einführung der Flöz-Einheitsbezeichnung. Die stratigraphische Verbreitung von nichtmarinen Muscheln und Kaolinkohlentonsteinen wird beschrieben und eine Zusammenfassung der verstreuten Ergebnisse vorgenommen.

HERBST, G.: Zur Ausbildung der Alsdorfer Schichten im Steinkohlenrevier von Aachen—Erkelenz (5 Tafeln, 1 Abb., 2 Tab.)

Es liegt eine Flözparallelisierung für die Alsdorfer Schichten im gesamten Aachener Revier vor. Das hierbei gewonnene stratigraphische Gerüst ist Grundlage der Entwicklungsgeschichte und Paläogeographie dieses Abschnitts. Es bestehen Vergleichsmöglichkeiten zwischen dem Wurmrevier, dem Revier Erkelenz und, besonders durch die Kohlentonsteinhorizonte, dem Ruhrgebiet.

JOSTEN, K.-H.: Zur Flözidentifizierung in den Horster und Dorstener Schichten der Schachtanlage Franz Haniel bei Oberhausen (2 Taf., 9 Abb., 1 Tab.)

Die Einstufung zweier Profile im Nordfeld in die Horster und Dorstener Schichten erfolgte auf Grund kohlenpetrographischer und paläontologischer Untersuchungen.

MACKOWSKY, M. Th. & K. KÖTTER: Kohlengerölle als Spuren vorasturischer Bewegungen am Südrande des Ruhrkarbons (2 Taf., 2 Tab.)

Herkunft und Inkohlungsgrad von Kohlengeröllen bilden Grundlage zur tektonisch paläogeographischen Rekonstruktion im südlichen Ruhrkarbon.

FABIAN, H.-J., H. GAERTNER & G. MÜLLER: Oberkarbon und Perm der Bohrung Oberlanger Tenge Z 1 (6 Taf., 2 Abb.)

Ausführliche Dokumentation des Kernprofils vom Zechstein bis Westfal D von 3279—3817 m Teufe ist die Grundlage für ein stratigraphisch-lithologisches Profil für das Jungpaläozoikum im nördlichen Emsland.

SCHUSTER, A.: Das Stefan der Bohrung Wielen Z 1 (3 Abb., 1 Tab.)

Unter dem von 2265—2545 m Teufe reichenden Zechstein (1 und 2) folgen bis 2735 m (Endteufe) überwiegend feinklastische Sedimente, deren Zugehörigkeit zum Stefan nachgewiesen wird. Autunien fehlt.

HÜTTNER, H.: Das Stefan-Profil der Bohrung Adorf Z 6

Unter dem Zechsteinkonglomerat folgen von 3091 bis 3165 m (Endteufe) feinklastische Sedimente des Stefans mit nennenswerter Gasführung.

FABIAN, H.-J. & G. MÜLLER: Zur Petrographie und Altersstellung präsalinarer Sedimente zwischen der mittleren Weser und der Ems (4 Taf., 3 Abb.)

Über 20 Tiefbohrungen im Präsalinar des Gebiets zwischen der Hunte und der Niederländischen Grenze sind Grundlage dieser regionalen Darstellung für den Zeitraum Oberkarbon-Zechstein-Transgression im Nordteil der subvariscischen Saumsenke.

JESSEN, W.: Zusammenfassende Bemerkungen zur Stratigraphie des Steinkohlengebirges und seiner roten Hangendschichten in Nordwestdeutschland

Überblick über die Fortschritte bei den Untersuchungen des nordwestdeutschen Karbons und Perms.

II. Zur Tektonik des Subvariscikums

A. Zur variscischen Überschiebungstektonik

GEUKENS, F.: Überblick über die tektonischen Beziehungen zwischen dem Massiv von Stavelot (Hohes Venn), dem Vesdre-Massiv und dem Massiv von Herve (4 Abb.)

Nordwestlich des aus kambro-ordovizischen Gesteinen bestehenden Massivs von Stavelot sind Schollen (o. gen. Massiv) mit devonisch-karbonischer Überdeckung vorgelagert, die sich mit flachen nordvergenten Überschiebungen überlappen. Die nordwestlichste Überschiebung bildet die Grenze zwischen dem Massiv von Herve und dem Lütticher Becken.

HERBST, G.: Ein Aufschluß im Oberkarbon an der Aachener Überschiebung (1 Abb.)

Der neue Aufschluß an der Kuppe des Ravelsberges nordöstlich von Aachen zeigt überkippte Schiefertone mit Sandsteineinlagerungen, dem Sarnsbank-Horizont zugehörig, dicht neben dem nächsten Oberdevonaufschluß. Die unterdrückte Schichtenfolge umfaßt Namur bis Famenne in 1400 m Mächtigkeit. Die Störung repräsentiert den Nordwestabbruch des Aachener Sattels.

B. Zur Faltentektonik des Oberkarbons

HERBST, G.: Die Tektonik des flözführenden Oberkarbons in der Inde-Mulde (Aachener Revier), dargestellt an der Karbon-Oberfläche (1 Taf.)

Die Schichtenfolge und der tektonische Bau der erzgebirgisch streichenden Inde-Mulde sind an Hand der Höhenlinien der Karbon-Oberfläche und Flözausstriche an der Karbon-Oberfläche in einer Strukturkarte dargestellt. Die Mulde wird von Querstörungen zerlegt. Der SE-Muldenflügel ist überkippt.

HONERMANN, J.: Das tektonische Bild der Karbonablagerungen im Gebiet des Gelsenkirchener Sattels im Essener Gebiet (8 Taf., 12 Abb.)

5 ausführliche Sohlenrisse, 26 Quer-, 2 Längsschnitte, 5 Lokalschnitte und 2 Raumdiagramme, dazu mehrere Textabbildungen sind das imponierende Dokumentationsmaterial zur tektonischen Analyse des Gelsenkirchener Sattels.

BOLSENKÖTTER, H.: Feintektonische Elemente in Steinkohlenflözen und ihre Beziehungen zur Tektonik mittlerer Bereiche am Gelsenkirchener Sattel (3 Abb.)

Die Störungen hängen offenbar vorwiegend von den feintektonischen Bedingungen der Kleinbereiche ab und beeinflussen das Kluftbild nur wenig.

SCHEHMANN, H. H.: Zur Spezialfaltung des Namur B an der Lenne am Nordflügel des Remscheid—Altenaer Sattels (4 Abb.)

Die enge Faltung der Schiefertone des Namur B hat keinen bedeutenden Tiefgang. Eine gegen den Remscheid—Altenaer Sattel gerichtete Südvergenz der Falten und Sprünge ist festgestellt.

C. Zur Frage jungvariscischer Intrusionen

SCHERP, A. & E. SCHRÖDER: Der Albit-Quarzporphyr von Langerfeld—Delle — eine spätorogene Intrusion in das Obere Mitteldevon des Bergischen Landes (3 Taf., 6 Abb., 5 Tab.)

Der Intrusivkörper schneidet die Schichten des steilgestellten Nebengesteins ab. Kontaktwirkungen treten in Diabasen auf. Hydrothermale Mobilisation vor der endgültigen Kristallisation ist angedeutet. Der Ursprung wird auf ein aplitgranitisches Magma zurückgeführt, welches gegen Ende der jungoberkarbonischen (asturischen) Faltung aufstieg.

NIEMÖLLER, B. & G. STADLER: Ein basisches Intrusivgestein in den Schichten des oberen Westfal A der Zeche Friedrich Heinrich bei Kamp—Lintfort am linken Niederrhein (2 Taf., 4 Abb., 1 Tab.)

Eine Untertagebohrung traf den Intrusivgang eines postvulkanisch stark zersetzten Olivinbasaltes an. Der unmittelbar angrenzende Schieferton ist karbonatisiert.

MICHELAU, P.: Zusammenfassende Bemerkungen zur Tektonik des Subvariscikums (1 Abb.)

Der gesamte Saumtiefenrand vom Ruhrrevier über das Aachener Revier bis Lüttich ist durch nordostvergente WSW streichende Überschiebungen in streichende Schollen zerlegt.

Rückblick

TEICHMÜLLER, R.: Die Entwicklung der subvariscischen Saumsenke nach dem derzeitigen Stand unserer Kenntnis (2 Taf., 2 Abb., 1 Tab.)

Zusammenfassend wird eine tektonisch-paläogeographische Entwicklungsgeschichte der subvariscischen Saumsenke wiedergegeben, die die Verlagerung der Sedimentations- und Abtragungsgebiete vom Oberdevon bis zum Westfal D sichtbar werden läßt. Die Ablagerungsgebiete des höheren Jungpaläozoikums (Westfal D — Rotliegendes) im Emsland werden nicht mehr zur eigentlichen subvariscischen Saumsenke gerechnet.

Die Qualität des Bildmaterials ist bestechend. Nachahmenswert ist die Wiedergabe vollständiger Dokumentationsunterlagen (Koordinaten, Analysenergebnisse, Bohr- und Schachtprofile, Sohlenrisse), die auch Fernerstehenden die vollständige regionale Rekonstruktion der paläogeographischen Entwicklung ermöglichen und eine solide Grundlage für großräumige Arbeiten auf der Basis internationaler Zusammenarbeit bilden. Es würde für die Erfassung mineralischer Rohstoffe in der DDR und für ihre Nutzung wertvoll sein, wenn unsere Erkundungsgeologen in ähnlicher Weise in einen möglichst engen Erfahrungsaustausch miteinander träten. E. v. HOYNINGEN-HUENE

KOMAROW, S. G.

Zur Frage der Einschätzung der Speichereigenschaften von Gesteinen aus den Ergebnissen geophysikalischer Bohrlochmessungen

„Prikladnaja geofisika", H. 36, S. 195—213, Moskau 1963

Dutzende physikalisch oder empirisch mehr oder weniger begründeter Verfahren sind bekannt und z. T. im Gebrauch, die es gestatten sollen, für die Vorratsberechnung und die Förderung wichtige Speichergesteinseigenschaften, insbesondere die Nutzporosität, Wassersättigung und Permeabilität, aus Bohrlochmeßergebnissen zu bestimmen. Der Verfasser untersucht im vorliegenden Aufsatz die Verläßlichkeit solcher „Verfahren" und kommt zu dem Ergebnis, daß ein Teil solcher Methoden zumindest als voreilig und ohne ernsthafte Überprüfung entwickelt anzusehen ist.

Die gewöhnlich als Vorteil der geophysikalischen Speichergesteinseinschätzung hingestellte Tatsache, daß die Bohrlochmessung Mittelwerte über größere Gesteinsvolumina liefert und dadurch Zufälligkeiten der Kernentnahme, -bemusterung und -untersuchung ausgeschaltet werden, kann sich bei sehr inhomogenem Gebirge nachteilig auswirken. Außerdem kann der eventuell gegebene Vorteil durch den geophysikalischen Methoden innewohnende Nachteile aufgewogen werden, in erster Linie z. B. dadurch, daß Bohrlochmessungen nie auf die gesuchte Größe direkt ansprechen, sondern anhand statistischer Beziehungen zwischen dem geophysikalischen Meßwert G und der gesuchten Speichereigenschaft S ausgewertet werden, weiterhin durch unvermeidliche Meßfehler usw.

Zur genaueren Beleuchtung der besprochenen Methoden werden diese in drei Gruppen eingeteilt. Diese Einteilung ist schematisch, da die praktisch verwendeten Methoden nur selten genau in eine dieser Gruppen passen werden; sie erleichtert aber die Übersicht und die Herausstellung prinzipieller Vorzüge und Nachteile.

Unmittelbare Methoden sind solche, bei denen ein Zusammenhang zwischen G und S theoretisch oder durch Versuche eindeutig begründet ist. In der Praxis kann eine Korrektur entsprechend den angetroffenen geologischen Verhältnissen erforderlich sein. Ein Vergleich mit an Kernproben erhaltenen S-Werten, also eine „Eichung", ist generell nicht erforderlich. In diese Gruppe gehören z. B. die Bestimmung der Nutzporosität und die der Wassersättigung aus dem spezifischen elektrischen Widerstand eines Gesteins.

Empirische Methoden entstehen dadurch, daß für einen bestimmten Gesteinskomplex am Kern gemessene Werte S und geophysikalische Meßwerte G gegenübergestellt werden, was gewöhnlich in einer graphischen Darstellung geschieht. Durch die erhaltene Punkteschar wird eine Kurve oder gerade Linie gezogen, die dann die „Bestimmung" von S- aus G-Werten auch dort gestatten soll, wo S nicht an Kernen gemessen wurde. Ein physikalisch begründeter oder auch nur erklärbarer Zusammenhang zwischen S und G wird nicht als notwendig vorausgesetzt. Bekanntere „Methoden" dieser Art sind die von verschiedenen Autoren empfohlene Porositätsbestimmung aus Eigenpotential-(SP-)-Werten, die Porositätsbestimmung aus Neutron-Gamma-Meßwerten nach deren „Eichung" an Punkten, wo am Kern gemessene Porositäten vorliegen u. a. Derartige Methoden können brauchbare Resultate liefern. Mangelhafte Ergebnisse können dadurch begründet sein, daß die zur „Eichung" dienenden, am Kern gemessenen Werte zu wenig repräsentativ sind, weil die Kerne während des Bohrprozesses z. B. verändert wurden oder beim Kernen bestimmte, unter Umständen abnorme Ausbildungsformen des Gesteins (z. B. harte Einlagerungen) unverhältnismäßig großen Kerngewinn lieferten oder weil überhaupt zu wenig Kerne untersucht wurden. In vielen Fällen werden jedoch „Methoden" vorgeschlagen, bei denen strenggenommen überhaupt kein Zusammenhang zwischen G und S besteht. Trotzdem werden dabei scheinbar gute Resultate erzielt, weil einfach der Mittelwert $\bar{S}$ für das betreffende Gestein bestimmt wird. Der Verfasser weist an einem ausführlich diskutierten, einfachen Beispiel nach, daß es gelingt, das Fehlen eines Zusammenhanges zwischen G und S dem unvoreingenommenen Betrachter einer solchen „Methode" fast völlig zu verschleiern, vorausgesetzt, daß die G- und S-Werte in dem Gestein, wo der scheinbare Zusammenhang hergestellt werden soll, nicht allzusehr um ihre Mittelwerte $\bar{G}$ und $\bar{S}$ streuen. Die Anwendung solcher nicht vorhandenen Beziehungen entwertet nicht nur die geophysikalischen Messungen, sondern führt sogar zu einer schlechteren Vorstellung von der Beschaffenheit des Gesteins, als wenn einfach seiner gesamten Mächtigkeit der aus Kernanalysen erhaltene Mittelwert $\bar{S}$ beigeordnet worden wäre. Dazu kommt noch der vergeudete Arbeitsaufwand bei der „Bestimmung" von S aus G. — Typisch für solche Verfahren sind diejenigen, bei denen die Porosität aus dem Eigenpotential (SP) bestimmt werden soll. — Empirische Verfahren sollten grundsätzlich nur angewandt werden, wo sie nachweislich ausreichend genaue, mit anderen Mitteln nicht erhältliche Werte liefern.

Indirekte oder mittelbar arbeitende Methoden sind solche, bei denen aus dem geophysikalischen Meßwert G eine Zwischengröße Z und erst aus dieser der gesuchte Parameter S bestimmt wird. Hierher gehören z. B. die Bestimmung der Porosität aus der Gamma-Gamma-Messung (die Zwischengröße ist die Gesteinsdichte), die Bestimmung der Permeabilität aus Messungen der induzierten Polarisation (spezifische Oberfläche des Gesteins als Zwischengröße) und aus SP-Messungen (Tongehalt als Zwischengröße). Fehler entstehen sowohl beim ersten ($G \rightarrow Z$) wie auch beim zweiten Schritt ($Z \rightarrow S$), so daß die erzielten Genauigkeiten von vornherein unter denen der Verfahren der ersten Gruppe liegen. Der zweite Schritt erfordert außerdem meist Zusatzinformationen, die aus Bohrlochmessungen nicht erhältlich sind bzw. gar nicht oder nur ungenau gegeben sind. Als typisch für diese Nachteile wird das von BURJAKOWSKIJ angegebene Verfahren zur Permeabilitätseinschätzung [Z. angew. Geol., **6** (1960), 3, S. 112—114] angesehen: Die Permeabilität k soll nach $k = 40\,\tau^3 \sqrt{g^3}$ aus der Dicke τ des Haftwasserfilms und der durch die Ölsättigung bedingten Widerstandserhöhung $g = R_t/R_0$ bestimmt werden. τ ist dabei unbekannt, wird aber nach $\tau = pS_r/A$ auf die Porosität p, die Restwassersättigung S_r und die spezifische Oberfläche A zurückgeführt. S_r und A sind wiederum unbekannt bzw. nur mit großen Fehlern abzuschätzen. Die Anwendbarkeit eines auf derart unsicheren Zusatzannahmen fußenden Verfahrens muß fraglich erscheinen.

Aus einem weiteren Beispiel (Bestimmung der Permeabilität aus Widerstandsmessungen über die Tortuosität als Zwischengröße) werden ähnliche Schlüsse gezogen.

Der Verfasser schlußfolgert, daß die zur ersten Gruppe gehörenden unmittelbaren Verfahren zur quantitativen Bestimmung von Speichereigenschaften aus Bohrlochmeßergebnissen die besten und aussichtsreichsten sind und weitere Entwicklung und Förderung verdienen. Empirische und indirekte Verfahren bedürfen dagegen einer sehr kritischen Betrachtung und sind nur in Ausnahmefällen zu benutzen. — Seine Darlegungen und Folgerungen dürften sinngemäß auch auf andere Arbeitsgebiete der Geophysik und Geologie übertragbar sein.

K. LEHNERT

WALKER, N. A.

Cementing Compositions for Thermal Recovery Wells

„Journal of Petroleum Technology" (1962), S. 139—142

Bei der Gewinnung von Erdöl durch „in situ"-Verbrennung treten sowohl in den Injektions- als auch in den Produktionsbohrlöchern extrem hohe Temperaturen auf, die für die verwendeten Zementmaterialien eine große Beanspruchung darstellen. Die auftretenden Temperaturen, die abhängig von der Wahl des Zünders und der Zünddauer sind, betragen nach durchgeführten Messungen 160 bis 760° C. In Ausnahmefällen können sie bis über 1000° C ansteigen. An den zu untersuchenden Zementmischungen wurden Prüfungen auf Aussehen, Schrumpfung, Versteifungszeit, Gewichtsverlust, Permeabilität und Druckfestigkeit, bei verschiedenen Temperaturen, durchgeführt. Verwendet wurden normale API-Zemente und Calciumaluminat-Zemente mit Zusätzen von calciniertem Ton, Puzzolan und Quarzmehl. Im Hinblick auf bestimmte gewünschte Versteifungszeiten mußten passende Verzögerer gesucht werden, die auch eine niedrige Schlammviskosität garantieren.

Entscheidend für eine Veränderung der physikalischen Eigenschaften der erhärteten Zemente ist nicht die absolute Höhe der Temperatur, sondern der Wechsel, der zu einer starken Rißbildung führen kann. Proben, die keinen Ca-Al-Zement enthalten, waren nach 7 Tagen bei Abkühlung auf 93° C gerissen, obwohl sie bei 370° C keine Rißbildung zeigten. Zementmischungen, die basischen Ca-Al-Zement und die obengenannten Zusätze enthalten, eignen sich zum Einsatz in Bohrlöchern mit Temperaturen bis etwa 1000 °C, außer Mischungen mit Quarzmehl, die nicht über 800 °C eingesetzt werden sollen. Zementmischungen ohne Ca-Al-Zement oder Quarzmehl zerfallen nach dem Erhitzen bei der Berührung mit Wasser zu Staub. Durch zahlreiche Tabellen und Fotografien werden die Ergebnisse belegt.

K. SCHULZE

VINCENT, R. P. & E. R. JENNINGS

Stressed steel liner yields stronger casing repairs

„Journal of Petrol. Technol.", Dallas, **14** (1962), 12, S. 1337ff.

Eine Glasfaserschicht, imprägniert mit unpolymerisierten Plasten, wird zwischen Liner und Verrohrung gebracht. Die Plastmasse wird ausgepreßt und dringt in die Löcher ein, nach Erhärtung bildet sich ein fester Verband. Er verhindert, daß hoher Schichtdruck sich auf den Liner auswirkt.

MEINHOLD

Neuerscheinungen und Literaturhinweise

TSCHERNOUSOW, J. M.

Lehrbuch der allgemeinen Geologie der Kohlenlagerstätten

Gosgeoltechisdat, Moskau 1962, 294 S.

FEHLMANN, H. & E. RICKENBACH

Die eisenhaltigen Doggererze der Schweiz (Die Eisen- und Manganerze der Schweiz)

Beitr. zur Geol. der Schweiz. Geotechn. Serie, Bern 1962, Bd. 7

HARANCZYK, C.

Die Spurenelemente in einigen Erzen der Zechstein-Schiefer

Aus: Sprawodzan z posiedzew komisji oddzialu PAN w Krakówe, Styczew-Czierwice 1960.

Anonym

Die Vorratsklassifikation der Lagerstätten nutzbarer fester Bodenschätze

Gosgeoltechisdat, Moskau 1960, 6 S.

KOTLOW, F. W.

Die Veränderungen der natürlichen Bedingungen des Moskauer Territoriums durch den Einfluß der Tätigkeit des Menschen und ihre ingenieurgeologische Bedeutung

Verl. AN SSSR, Moskau 1962, 243 S.

PARDAL, M. V.

Einige Betrachtungen zum gipsführenden Untergrund und seiner Beziehung zu öffentlichen Bauten

Informaciones y Estudios. Cimentaciones e informes geologicos, Boletin NR 4, 1958.

SKWORZOW, G. G. & L. I. ROMANOWSKAJA

Ingenieurgeologische Prognosen der Abbaubedingungen von Lagerstätten nutzbarer Bodenschätze

Gosgeoltechisdat, Moskau 1961, 82 S.

Zeitschrift für angewandte Geologie, Bd. 10 (1964) H. 1

Nachrichten und Informationen

13. Treffen des Fachverbandes Mineralogie

Am 12. und 13. September 1963 veranstaltete der Fachverband Mineralogie der Geologischen Gesellschaft in der DDR eine Arbeits- und Diskussionstagung in Karl-Marx-Stadt unter dem Thema: Nickelhydrosilikatlagerstätten im Sächsischen Granulitgebirge — Aufbau, Genese und Erkundungstechnik.

Die Tagungsleitung lag in den Händen von Dr. C.-D. WERNER, St. Egidien (Sachsen).

Zum Aufbau und der Genese sprachen Dr. R. JUBELT, Leipzig, (Petrogenese und Petrographie der Metabasite im Granulitgebirge) und Dr. C.-D. WERNER, St. Egidien (Sachsen), (Aufbau und Genese der Nickelhydrosilikatlagerstätten im Granulitgebirge). Über die geologische und geophysikalische Erkundungsarbeit berichteten Prof. Dr. R. LAUTERBACH, Leipzig, (Methode und Ergebnisse der geophysikalischen Erkundung hydrosilikatischer Nickelerzlagerstätten), Geol.-Ing. H. LEONHARDT gemeinsam mit Dr. C.-D. WERNER, St. Egidien, (Methodik der geologischen Erkundung hydrosilikatischer Nickelerzlagerstätten), H. HIRCHE, Leipzig, (Ergebnisse der metallometrischen Untersuchung am Serpentinitkörper von Kuhschnappel) sowie Dipl.-Min. BOLDUAN, Freiberg (Sa.), (Neue Ergebnisse der geologischen Vorerkundung von Nickelhydrosilikatlagerstätten im Granulitgebirge).

Zur „Metallurgie des Rennprozesses bei hydrosilikatischen Nickelerzen“ sprach Dr. LÖHN in Vertretung von G. SEVERIN, St. Egidien, womit die technische Seite der hüttenmännischen Arbeit bis zu den Eisen/Nickelluppen auch dem Mineralogen und Geologen nähergebracht wurde.

Die wissenschaftliche mineralogische Kleinarbeit wurde in zwei Vorträgen in exakten Ausführungen veranschaulicht. Es sprachen Dipl.-Min. H. SCHNEIDER, Dresden, (Zur Mineralogie der Nickelchlorite) und Dipl.-Min. D. KORICH, z. Z. Grimmen, (Erzminerale in Serpentiniten des südwestlichen Granulitgebirges). Den Abschluß bildete Dipl.-Geol. H. WIEFEL, Jena, der mit den „Tertiären Zersatzerscheinungen und Bodenrelikten im ostthüringisch-vogtländischen Schiefergebirge“ auf interessante Parallelen in den Verwitterungsproblemen aus dem benachbarten Raum aufmerksam machte.

Die Vorträge am 12. 9. wurden durch eine Exkursion am 13. 9. ergänzt. Diese führte in ihrem 1. Teil durch markante Punkte des Serpentinit-Gebietes von Callenberg/Kuhschnappel (Serpentinit vom Kiefernberg, Silicophite und Talk/Magnesitlagerstätte von Lobsdorf sowie die Nickelerzgrube Callenberg-Süd), während im 2. Teil eine Besichtigung der Hütte des VEB Nickelhütte, St. Egidien, erfolgte.

KARL LÖFFLER

Erdöl/Erdgas

Tektonik und Erdöl in Nordostsyrien

Der mesopotamische Geosynklinaltrog ist wegen seiner großen Bedeutung als Erdölgebiet schon seit langem stratigraphisch, faziell und strukturell erforscht worden. Die Untersuchungen beschränkten sich jedoch fast ganz auf die in Irak gelegenen Teile des Troges. Erst durch die geologischen und geophysikalischen Untersuchungen, die im Zusammenhang mit den von 1956 bis 1962 niedergebrachten Tiefbohrungen zur Entdeckung des Erdölfeldes Souedie führten, ist auch der nordostsyrische, als „Haute Djésireh“ bekannte Teil des Troges in seiner faziellen und tektonischen Entwicklung erforscht worden. Von den Ergebnissen, über die in „Erdöl und Kohle“, Juni 1963, S. 669—682, ausführlich berichtet wird, seien die für die Erdölhöffigkeit wichtigen über die Tektonik des Gebiets hervorgehoben.

Wie die Ketten der Tauriden und Iraniden, die ihn im Norden und Nordosten begrenzen, zeigt dieser nordwestliche Teil des Troges eine in der Hauptsache postmiozäne Strukturbildung. Frühtriassisch beginnende weiterstreckte Undulationen bereiteten eine Gliederung in Becken- und Schwellenzonen vor. Die Mardinschwelle durchzieht fast das ganze nordostsyrische Gebiet. Nach einer maximalen Hebung und starker Erosion und Zerklüftung in der Oberkreide verliert sie im Tertiär an Wirksamkeit, bleibt aber als stabilerer Block bestehen. Die allgemeinen Bewegungstendenzen bleiben auch seit der Anlage der Tauriden-Iraniden-Vortiefe dieselben. Im Eozän beginnt die Entwicklung des „Djésirehbeckens“ und setzt sich im Miozän verstärkt fort. Es teilt sich sodann durch eine Spezialschwelle, die „Tschembe-Achse“, in ein flaches nördliches und ein tieferes südliches Becken, die beide Salzablagerungen erhalten. Mit den großen tektonischen Bewegungen im Pliozän hebt sich dieses Tschembe-Antiklinorium und trennt die beiden Teilbecken völlig, deren südliches sich bis zum Persischen Golf hin ausdehnt. Es bilden sich mehrere Einzelbecken und Zwischenstrukturen (Ain Sfayat, Sinjar-Tschembe, Ghouna und Djibissa-Cheikh-Sollakh) mit verkarsteten Kalken, Dolomiten und Gipsen. Am Nordostrand der Mardinschwelle tritt die Struktur Karatchok hervor, die zur Vorfaltenzone der Tauriden gehört und von einer 10 bis 20 m mächtigen Basaltdecke überlagert ist. Im Süden zeigt das Schwellengebiet im Bereich des Übergangs zum stabilen arabischen Schelf nur unbedeutende strukturelle Züge.

Von den Tiefbohrungen ab 1956 blieb die erste, El Bonab 1, die in 3500 m Teufe im Gotlandium eingestellt wurde, erfolglos. Die auf der seismisch ermittelten Struktur Souedie angesetzte Bohrung Souedie 1 wurde 1959 in 1711 m Teufe in der Oberkreide fündig und erschloß zusammen mit 5 weiteren fündigen Bohrungen dieses Ölfeld. 15 km nördlich davon liegt das Feld Karatchok, wo von 15 Bohrungen 9 fündig wurden. Der hauptsächliche Erdölträger von Souedie und Karatchok ist der „Massive Limestone“ der Oberkreide: neritische massige Kalke, rekristallisierte Kalke, dolomitische Kalke und Dolomite mit Mächtigkeiten von 150—300 m. Westlich von Souedie hat 1962 die Bohrung Tell Roumelane ebenfalls Erdöl angetroffen.

H. HAVEMANN

Die westdeutschen Erdöl- und Erdgasreserven 1963

Nach einer Schätzung des Niedersächsischen Landesamts für Bodenforschung werden in „Erdöl und Kohle“, Nr. 5, 1963, für Anfang 1962 und Anfang 1963 über die westdeutschen Erdöl- und Erdgasreserven folgende Zahlen mitgeteilt:

Erdölreserven in 1000 t

	a) sicher		b) wahrsch.		a + b	
	1962	1963	1962	1963	1962	1963
Nördl. der Elbe	8 561	10 895	3 965	3 870	12 525	14 765
Zw. Elbe u. Weser	21 593	21 337	4 683	4 189	26 276	25 526
Zw. Weser u. Ems	22 962	22 174	6 443	5 697	29 405	27 853
Westl. der Ems	26 050	30 070	8 815	9 750	34 865	39 820
Oberrheintal	1 741	1 909	330	1 562	2 971	3 471
Alpenvorland	872	1 260	211	543	1 083	1 803
Gesamt	81 779	87 645	24 447	25 611	107 125	113 238

Erdgasreserven 1. 1. 1963 in Mrd. Nm^3

	a) sicher	b) wahrsch.	a + b
Zw. Elbe u. Weser	1,0	0,2	1,2
Zw. Weser u. Ems	20,8	10,2	31,0
Westl. der Ems	9,2	1,3	10,5
Oberrheintal	0,4	—	0,4
Alpenvorland	4,5	0,4	4,9
Gesamt	35,9	12,1	48,0

-Ha-

Kohle

Kohle in der Sowjetunion

Trotz des raschen Anstiegs der Erdöl- und Erdgasförderung — 1962 Erdöl um 12%, Erdgas um 23% — behauptet die Kohle in dem großen Energieerzeugungsprogramm der Sowjetunion ihren Platz. 1962 wurden („Ugolj“, Moskau,

Nr. 1, 1963) 517 Mill. t gefördert, wovon 116 Mill. t zur Verkokung gelangten. 401 Mill. t, davon 116 Mill. t Braunkohle, wurden zur Energieerzeugung verwandt. Von Bedeutung ist die Verlagerung des Übergewichts der Kohlenproduktion zu Ostgebieten hin, wo vor allem die Förderung im Tagebau eine erhebliche Steigerung erfuhr. 1962 betrug sie 112,7 Mill. t, 12 Mill. t mehr als 1958. 22% der Gesamtförderung wurden im Tagebau erzeugt. Die Ostgebiete versorgen besonders die dortigen Industrien mit energetischer und verkokbarer Kohle. Durch Modernisierung im Bergbau konnte 1962 die Arbeitsproduktivität mit 45,6 t pro Mann und Monat gegenüber 1961 um 3,2% gesteigert werden. Für 1963 ist eine Gesamtförderung von 522 Mill. t Kohle vorgesehen, davon 122,6 Mill. t verkokbare Kohle. Schachtanlagen und Tagebaue mit einer Gesamtkapazität von 19 Mill. t Kohle werden neu in Betrieb genommen. Die Arbeitsproduktivität soll 1963 pro Mann und Monat auf 60,8 t in der RSFSR, 32,6 t in der Ukrainischen SSR und 71,5 t in der Kasachischen SSR gebracht werden. In der Förderung aus Tagebauen wird für 1963 der größte Zuwachs aus dem Revier Kansk-Atschinsk (mit 20%) und der Lagerstätte Ekibastusugol (mit 9%) erwartet. —Ha—

34 neue Kohlengruben im westlichen Donbass

Im Dnjepr-Industriegebiet um Dnjepropetrowsk erstreckt sich in 200 km Länge und 20—30 km Breite das westliche Donbass, das in geringer Teufe 18 Kohlenflöze von 0,55—1,5 m Mächtigkeit mit einer für die Produktion von Hüttenkoks geeigneten Gaskohle enthält. 34 neue Gruben mit einer Jahreskapazität von über 40 Mill. t sollen hier in den nächsten Jahren errichtet werden. 6 große Bergbaubetriebe befinden sich bereits im Bau, 4 weitere werden im Laufe von zwei Jahren hinzukommen. Die Grube „Sapadnodonbasskaja 1", die für 600000 t/Jahr Kokskohlenproduktion projektiert ist, wurde als erste in Betrieb genommen. Die neuen Gruben werden vollmechanisiert, automatisiert und zentralisiert, wodurch die Arbeitsproduktivität zweimal größer sein wird als die der Donbass-Gruben. —Ha—

Braunkohlenbergbau in Japan

Japans Braunkohlen sind, von wenigen unbedeutenden Jura- und Kreideflözen abgesehen, tertiären Alters. Durch tektonische Einflüsse haben sie einen den Steinkohlen ähnlichen Charakter; ihr Heizwert liegt um 6000 WE. Seit dem 2. Weltkrieg werden zunehmend jungtertiäre lignitische oder erdige Braunkohlen gewonnen. Nur 20% der tertiären Kohlen sind verkokbar („Braunkohle" 8/63, S. 313—316).

Vorräte der Braunkohlen in Japan

Bezirk	sicherer Vorrat Mill. t	z. Z. abbauwürdiger Vorrat Mill. t	geologisches Alter
Sapporo	20,920	1,277	Miozän
Sendai	298,893	20,888	Pliozän
Tokio	13,495	2,068	Pliozän
Nagoya	199,061	23,252	Pliozän
Osaka	4,991	0,605	Miozän
Hiroshima (stillgelegt)	0,970	0,376	Miozän
Shikoku	8,258	0,694	Pliozän
Insgesamt	546,588	49,160	

Der Heizwert dieser Kohlen ist, durch tektonische Einflüsse bedingt, im Vergleich zu den westeuropäischen Braunkohlen, hoch. Der Wassergehalt beträgt maximal 30%, der Schwefelgehalt liegt weit unter 1%. Die Aschegehalte schwanken erheblich.

Die Mächtigkeit der Kohlenflöze beträgt meist nur 1 bis 1,5 m. Im Mino-Kohlenfeld (Bezirk Nagoya) wird die seltene Flözmächtigkeit von über 4 m erreicht.

Meist weisen die bauwürdigen Flöze eine flache Lagerung auf. Halbsteile Lagerung abbauwürdiger Flöze von über 20° liegt im Mogami-Kohlenfeld (Bezirk Sendai) und ein Einfallen von 50° im Shinetsu-Feld bei Tokio vor.

Infolge Deckgebirgsmächtigkeiten bis 114 m und der außerordentlich dichten Besiedelung Japans, die eine intensive wirtschaftliche Oberflächennutzung erfordert, ist kein Tagebaubetrieb möglich.

Zusammensetzung der vorkommenden Braunkohlen

Bezirk	Wassergehalt %	Aschegehalt %	flücht. Bestandt. %	fixer Kohlenstoff %	Schwefel %	Heizwert kcal
Sendai (Miyagi)	23,43	9,73	53,62	13,22	—	4300
Tokio (Takasaki)	16,2	9,57	50,7	23,53	0,64	4910
Nagoya (Mino)	11,32	38,84	26,5	23,34	—	3220
Nagoya (Owari)	24,5	9,6	38,6	24,8	—	4390

-s-

Erze

Jugoslawische Eisenerzlagerstätten

Nahe der jugoslawisch-bulgarischen Grenze befindet sich die entlang dem Strumitza-Tal gelegene Lagerstätte Damjani. Sie führt („Erzbergbau und Metallhüttenwesen", 6/63, S. 295—301) Magnetit-Maghemit-Hämatit-Erze und liegt in der Kontaktzone von Andesit und Flysch der oberen Kreide.

An den Hängen des die Grenze gegen Albanien bildenden Bistra-Gebirges liegt die westmazedonische Lagerstätte Kičevo. Das Eisenerz von Kičevo ist in paläozoische Schiefer eingelagert. Die hangenden Schichten bilden fossilführende unterdevonische Kalke, das Liegende besteht aus Chlorit- und Epidotschiefern. Die Erzkörper zeigen eine linsenartige Ausbildung. Sie führen primären Chamosit, Hämatit und sekundären Limonit.

Die kieselsäurereichen, nickel- und chromhaltigen Eisenerze der Lagerstätten von Mokra Gora und Vardište—Visegrad befinden sich entlang der Eisenbahnlinie Beograd—Čačak—Sarajevo, in der sog. Zone von Zlatibor. Die Erze der beiden genetisch einheitlichen Lagerstätten treten in oberkretazischen Schichten auf. Ihr Liegendes besteht aus Konglomeraten, grünen Oolithen und Sandsteinen. Das Hangende wird von Mergeln und Kalksteinen gebildet. Der direkt am serpentinisierten Peridotit liegende Erzkörper besteht aus grün und rot gefärbten Oolithen sehr verschiedener Größe und Zusammensetzung.

Die beiden wichtigsten Vorkommen befinden sich in Bosnien, dem jetzigen Zentrum des jugoslawischen Kohle- und Eisenerzbergbaus. Die Eisenspat-Hämatit-Lagerstätte Vareš und die Limonitlagerstätte Ljubija, in der in letzter Zeit auch Eisenspat nachgewiesen wurde, werden bereits seit langem abgebaut.

Auf submarine Exhalationen wird die Erzbildung der Lagerstätte Vareš zurückgeführt. Ihr Mineralbestand ist: Eisenspat, oxydische Erze (vorwiegend Hämatit), als sekundäre Umwandlung in den oberen Partien Limonit. Im Hangenden treten mesozoische dolomitisierte Kalksteine, im Liegenden schiefrige Kalke auf. Mehrere stark silifizierte Jaspise und sog. Kramenzel-Kalke finden sich im Erzkörper.

Das Vorkommen von Ljubija gehört zum sog. „Sanski-Paleozoik". Es setzt sich aus mehreren Erzkörpern zusammen. Das Liegende und Hangende bilden schiefrige Gesteine. An einigen Kontaktstellen sind Bleiglanzlinien ausgebildet. Daneben treten Glaskopf, Eisenspat, erdiger Limonit und Manganerze auf.

Die Grube Vareš hat z. Z. eine Förderung von 1,2 Mill. t Roherz und Ljubija 0,8 Mill. t. Die anderen Bergwerke befinden sich noch im Aufbau. —s—

Stahl in Jugoslawien

Durch Modernisierung und Ausbau z. T. überalterter Betriebe und durch die in Bau befindlichen, hochleistungsfähigen neuen Werke hofft man, in Jugoslawien in den nächsten zehn Jahren die Stahlproduktion auf eine Jahresleistung von 3 bis 4 Mill. t bringen zu können. 1,66 Mill. t sind bereits für 1963 geplant, was eine Erhöhung um 140000 t gegenüber dem Vorjahr bedeutet. Eine Produktion von 940000 t Rohstahl und 660000 t Walzmaterial jährlich wird ab 1967 von dem Werk Skoplje (Mazedonien) erwartet, das als das größte und modernste in Jugoslawien 1965 in Betrieb genommen werden soll. Das neue Werk in Niksic (Montenegro) wird nach weiterem Ausbau seine Produktion verdoppeln. Auch das große Metallurgische Kombinat in Zenica, das bisher die Hälfte der gesamten Stahlerzeugung des Landes lieferte, soll seine Produktion allmählich verdoppeln. Modernisiert und ausgebaut werden ferner die Werke in Sisak und Jesenice (Slowenien). —Ha—

Der Eisenerzbergbau Santa Fé, Chile

Die Eisenerzlagerstätten der Cia. Minera Santa Fé in Chile umfassen mit je 2 Mill. bis über 10 Mill. t Vorrat (für Tagebau) die Vorkommen von El Carmen, Bella Ester und Cerro Negro Norte in der Atacama-Wüste, von El Dorado, Los Cristales und Pleito im Raume Coquimbo—La Serena. Kleinere liegen in der Zone der aufgezählten großen Vorkommen im Lande verstreut. Das jüngst festgestellte Vorkommen El Laco in den Hochanden liegt 200 Meilen östlich von Antofagasta und 4500 m über dem Meeresspiegel, hat weitreichende Ausbisse hochwertigen Magnetits, Hämatits und Martits und wird auf mehr als 500 Mill. t Vorrat geschätzt. Im gesamten Durchschnitt haben die Erze der Cia. Minera Santa Fé 63—69% Fe, 1,5—4% SiO_2, 0,01—0,10% S, etwa 0,5% H_2O. 1961 wurden 3 Mill. t Eisenerze verschifft. —s—

Neues Erzvorkommen in Kanada

An der Nordküste von Baffin Island wurde ein bedeutendes Eisenerzvorkommen aufgefunden. Der Fe-Gehalt wird mit 68% angegeben. Die neue Eisenerzlagerstätte liegt innerhalb des Arktischen Kreises und etwa 3200 km nördlich Montreal. Der Fe-Gehalt der anderen kanadischen Eisenerze beträgt durchschnittlich 50%. —s—

Die Kupfererzgrube Christmas, Arizona

Der metasomatische Erzkörper der Grube Christmas (USA) wird den Naco-, Escabrosa- und Martin-Formationen zugeordnet („Erzbergbau und Metallhüttenwesen", 7/63). Die Art und Stärke der Mineralisation ist von folgenden Faktoren abhängig:

Entfernung des Kontakts zu den Diorit-Intrusionen, Grad der Metamorphose, physikalische und chemische Eigenschaften der Sedimentgesteine sowie Stärke der vorangegangenen Bruchbildungen und Verschiebungen. In einer nahe den Kontakträndern liegenden Zone treten Pyrit und Kupferkies auf. Einer Kupferkies und Buntkupferkies führenden Zwischenzone folgt die äußere Zone mit Magnetkies, Pyrit, Zinkblende und Kupferkies. In mächtigeren Lagerstättenteilen umgrenzen Pyrit, Kupferkies, Zinkblende und etwas Bleiglanz eine Zentralzone von Kupferkies. 15 bis 25% der in der Kupfererzgrube Christmas vorkommenden Erzminerale sind Magnetit. —s—

300 Mill. t Kupfererz in einem südafrikanischen Vorkommen

Bei Phalaborwa im Nordosten von Transvaal befindet sich unter einer Loolekop genannten, 60 m hohen Erhebung ein Kupfererzvorkommen, das sich bis in 400 m Teufe erstreckt. Der Abbau wird nunmehr in einem Tagebaugroßbetrieb, der die 300 Mill. t Erz in etwa 26 Jahren ausbeuten soll, in Angriff genommen. Für die Aufbereitung ist eine Anlage mit einer Kapazität von 33000 t/Tag vorgesehen. —Ha—

Neue Kupferlagerstätte in Nordgriechenland

In Nordgriechenland konnte durch magnetische Untersuchungen und Eigenpotentialmessungen eine Kupferlagerstätte nachgewiesen werden. Der in metamorphen Schiefern des Rhodopen-Massivs liegende Trachyt ist prophylitisiert, hydrothermal kaolinisiert und silifiziert. Kupferkies, Buntkupferkies und Pyrit („Erzbergbau und Metallhüttenwesen", 7/63) führten zur Mineralisation des Trachyts und der metamorphen Schiefer in der Nähe des Kontakts.

Die zum Typ der „disseminated copper ore deposits" gehörende Lagerstätte hat eine ausgelaugte Oxydationszone von 20 bis 30 m Mächtigkeit mit Kupfergehalten unter 1% und eine Anreicherungszone von 2 bis 3 m und Gehalten bis zu 20% Cu. Es treten auf: Malachit, Azurit, Cuprit, Kupferglanz, Jarosit, Limonit, Hämatit. Sieben Diamantkernbohrungen zeigten die durchgehende Mineralisation des Trachyts. Es wird mit einem Durchschnittsgehalt an Kupfer von 1,5% gerechnet. Außerdem enthält das Erz 3—5 g/t Gold und etwa die gleiche Menge Silber. Auf Grund der Bohrungen werden 7,5 Mill. t Erz an nachgewiesenen bis vermuteten Vorräten mit einem Metallinhalt von 100000 t Kupfer und 30000 kg Gold bis 100 m Teufe angegeben.

Weitere Untersuchungen sollen die gesamte Chalkidike umfassen. Es sollen dabei auch magnetische „airborne"-Messungen und photogeologische Aufnahmen eingesetzt werden. —s—

Blei-Zink-Lagerstätten in Nordwestanatolien (Türkei)

Auf der zwischen dem Ägäischen Meer und den Dardanellen gelegenen Biga-Halbinsel befinden sich zahlreiche Blei–Zink-Lagerstätten. Sie sind fast ausnahmslos an den tertiären subsequenten Vulkanismus der alpidischen Orogenese geknüpft und werden von andesitischen und dazitischen chloritisierten und kaolinisierten Ganggesteinen und Laven begleitet. Die aus silberführendem Bleiglanz, Zinkblende und Pyrit sowie einer beträchtlichen Anzahl anderer Sulfide bestehende Vererzung [„Erzbergbau und Metallhüttenwesen", 5 (1963)] tritt vorwiegend in Brekzien- und Spaltenzonen auf. Als Gangminerale sind u. a. Quarz und Calcit zu nennen. Einige im verskarnten Kontakthof eines herzynischen Granits befindliche Lagerstätten haben eine etwas andere Struktur und Mineralisation. —s—

Sonstiges

Die Mineralvorkommen Israels

Die im Süden Israels liegende Kupfererzgrube Timna baut auf ein im kambrischen Sandstein auftretendes Imprägnationserz. Der Kupfergehalt beträgt 1,4—2%, Hauptmineral ist Chrysokoll. Es werden 23 Mill. t sichere Vorräte angegeben („Erzbergbau und Metallhüttenwesen", 8/63).

In der Wüste Negev sind zahlreiche Phosphatvorkommen bekannt. Gegenwärtig werden nur die Lagerstätten von Oron abgebaut. Hier werden täglich 1600—2000 t Rohphosphat gewonnen. Durch Brechen und Sichten wird der Gehalt von 23—26% P_2O_5 auf 29% erhöht. Neuerdings wird durch Flotieren und Kalzinieren ein Produkt von 38% P_2O_5 hergestellt.

Ein Erdölfeld wurde 1955 in Helets bei Ashgelon erschlossen. Die Jahresförderung betrug 1962 134000 t. —s—

Goldfeld Tarkwa in Ghana

Das Goldfeld von Tarkwa liegt am südlichen Ende der 250 km langen und 25—30 km breiten Geosynklinale Konongo—Tarkwa. Die bis 3500 m mächtigen präkambrischen Sedimente werden in die Birrimian- und Tarkwaianserie gegliedert. In der liegenden Birrimianserie treten („Montan-, Rundschau", 2/63) neben Sedimenten vulkanischer Herkunft Phyllit und Grauwacke auf. Die Goldgehalte sind hier meist unbauwürdig. Epidiorit und Hornblende bilden das Liegende der Birrimianserie.

Die konkordant darüber lagernde Tarkwaianserie wird von Quarziten, Phyllit, Sandstein und einem teilweise goldführenden Konglomerat aufgebaut.

Die zur Tarkwaianserie gehörenden abbauwürdigen goldführenden Konglomerate haben einen Goldgehalt von 5 bis 7 g/t bzw. 6 bis 10 g/t und Mächtigkeiten von 0,8 bis 1,3 m. —s—

Schwierige Diamantengewinnung in Südwestafrika

Der anfangs vielversprechend erscheinende Abbau der neuentdeckten Diamantenvorkommen an den Mündungen der Flüsse Ugab und Unjab in Südwestafrika hat sich als unrentabel erwiesen, da die diamantenführenden Schichten unter einer 20 bis 35 m mächtigen Sandbedeckung liegen.

Günstiger sind die Aussichten für den Abbau der Felder nördlich von Usakos, der mit Baggern u. a. Geräten betrieben wird, die eine Verarbeitungskapazität von 600 t Erde/Tag haben. Das Vorkommen von Usakos wird von einigen Beurteilern sogar als ein zweites „Diamantenzentrum" neben dem Vorkommen an der Oranjeflußmündung bezeichnet.

—Ha—

Phosphatvorkommen in Cabinda

Die in der Cabinda-Enklave (nördlich der westafrikanischen Provinz Angola) gelegenen Phosphatvorkommen werden auf 12,6 Mill. t geschätzt. Die Abbaumöglichkeiten der in den Gebieten von Mengo—Tando, Chihuete, Ueca, Chiovovo, Cambota, Seva und Cacata befindlichen Vorkommen werden zur Zeit von ausländischen und portugiesischen Fachleuten überprüft. —s—

Kali in Marokko

Kalilager sind in NE-Marokko im Gebiet von Berguent südl. Oujda, ferner auf der Meseta bei Khemisset, Boufekrane und Berrechid sowie bei Safi entdeckt worden. Davon sind die bei Khemisset in Teufen von 500—700 m vorkommenden Lager mit 11—13% K_2O die wichtigsten. Sie bestehen im wesentlichen aus Carnallit. Es handelt sich vermutlich um Salze der Trias. —R—
[Nach „Ann. Rev.", (1963)]

Stromerzeugende Förderbänder in Marcona (Peru)

In den peruanischen Eisenerzgruben von Marcona wurde vor etwa Jahresfrist eine Förderbandanlage in Betrieb genommen, die lediglich im Moment des Anfahrens irgendwelche Kraft beansprucht. Einmal im Lauf wird das starke Gefälle benutzt, um elektrischen Strom zu erzeugen, der in das Netz des Grubenbetriebs geleitet wird. Die benötigte Maschinenanordnung ist als das Prinzip der „Rekuperationsbremse" bekannt, doch wurde es bisher nur bei Bergbahnen zur Erzeugung elektrischen Stroms durch bergab fahrende Züge angewandt. Der Strom wurde in Batterien für die nächste Bergfahrt gespeichert.

Die Gruben von Marcona, mit deren Ausbeutung vor zehn Jahren begonnen wurde, enthalten nachgewiesen 400 Mill. t 56%iges Eisenerz, doch wird auf Grund der bisherigen Untersuchungen mindestens nochmals die gleiche Menge Erz als „wahrscheinlich" bezeichnet. Die Gruben — Jahresproduktion 1962: 4,5 Mill. t — sind weniger als 30 Kilometer von den zugehörigen Aufbereitungsanlagen und dem Hafen entfernt. Für etwa 2,4 km dieser Strecke hat man auf den Bau einer Autostraße verzichtet und verwendet 0,9 m breite Förderbänder: 2000 t/Std., 3 m/sec.

Der Endpunkt dieser Bänder liegt um 600 m tiefer als ihr Anfang. Die Beschleunigung, die die Förderbänder durch das Gewicht des Erzes und das Gefälle erfahren, liefert, mit Hilfe der erwähnten Anlagen, ungefähr 2000 PS.

Z. F. R.

Fahrbares Erdbohrgerät

Fahrbare Erdbohrgeräte erfordern für den Straßenverkehr eine Begrenzung des Höchstgewichtes und der Profilhöhe, trotzdem aber eine gute Standsicherheit und große Wendigkeit.

Ein neuerfundenes Fahrwerk für ein Erdbohrgerät kann gehoben und gesenkt werden, wobei das mittlere vorzugsweise als Raupenpaar ausgebildet ist, während alle drei Fahrwerke unabhängig voneinander um ihre Vertikalachse schwenkbar, aber blockierbar und gegebenenfalls lenkbar sind.

In der Zeichnung ist eine Möglichkeit der Ausbildung der Fahrwerke angegeben. Danach kann das vordere Fahrwerk (3) beispielsweise einachsig, das mittlere Fahrwerk (4) durch ein Radpaar und das hintere Fahrwerk auch mehrachsig ausgebildet sein. DBP.-Anm.: 1149677.

H. Friedemann

Kurznachrichten

Die **sowjetische Erdölproduktion**, die 1962 mit 186 Mill. t mehr als 50% der USA-Produktion (360,2 Mill. t) betrug, überstieg erheblich die Produktion von Venezuela (151,3 Mill. t). Sie steigerte sich von 1960 auf 1961 um 13,1%, von 1961 auf 1962 um 12,0%; für 1970 ist eine Produktion von 400 Mill. t geplant.

Die **Erdölförderung** in **Irak** betrug im ersten Halbjahr 1963 26,5 Mill. t und übertraf die des ersten Halbjahrs 1962, die 24 Mill. t betrug, um 10%.

Die **französische Regierung** hat einen Ausschuß für die Vorbereitung der **Erdölsuche** in französischen Küstengewässern eingesetzt.

Die **indische Regierung** hat einer beträchtlichen Steigerung der **Erdölförderung** aus den bereits in Ausbeutung befindlichen und den neuentdeckten Ölfeldern durch die staatliche Gesellschaft „Oil India" zugestimmt. Die Kapazitäten der Raffinerien von Barauni und Gauhati sollen bis 1966 auf etwa 4,5 Mill. t gebracht werden.

Die Produktionskapazität der **Erdölraffinerie von Mina el Ajmadi** in Kuweit wurde von 190000 auf 250000 Barrels täglich erhöht.

Die **Erdölförderung Kolumbiens** könnte infolge neuer Ölfunde von jetzt täglich 160000 Barrels bei Investitionen von 80 Mill. $ auf 500000 Barrels täglich gesteigert werden. Der Inlandsverbrauch ist von 1960 bis 1962 von 5,0 auf 10,5 Mill. Barrels jährlich angestiegen.

Die **westdeutsche Steinkohlenförderung** betrug im ersten Halbjahr 1963 71,35 Mill. t gegenüber 70,55 Mill. t in der gleichen Vorjahrszeit, während die Zechenkokserzeugung von 18,2 auf 17,6 Mill. t zurückging. Die Haldenbestände gingen von 5,13 auf 2,84 Mill. t Kohle und von 4,9 auf 2,28 Mill. t Koks zurück.

Der Rückgang der **Kohlenförderung** in **Frankreich** hielt im ersten Halbjahr 1963 unvermindert an.

Der **britische Kohlenexport** wird 1963 der Voraussage nach 6,75 Mill. t betragen, gegenüber 4,8 Mill. t im Vorjahr. Diese 42%ige Steigerung wird durch Ausfuhren nach Belgien und Frankreich ermöglicht.

In der **Mongolischen Volksrepublik** wird im Zusammenhang mit der Ausbeutung der am Flüßchen Scharyn-Gol entdeckten **Steinkohlen**vorkommen inmitten der Steppe bei der zur Stadt ausgebauten Bahnstation Darchan mit sowjetischer sowie tschechoslowakischer und bulgarischer Unterstützung ein Industriekomplex errichtet.

Die **indische Regierung** projektiert den Bau einer **Eisenhütte** in Goa, deren Hochöfen eine Jahreskapazität von 100000 t erhalten und 1965 angeblasen werden sollen.

In den **Ländern der Montanunion** stieg von 1958 bis 1962 die **Roheisenproduktion** um 23,4%, der Verbrauch von Erzen dieser Länder aber nur um 7,1%, während der Verbrauch von überseeischen Erzen um 68,7% anstieg. Bei einem Fortgang dieser Entwicklung würde der Eisenbedarf bald zur Hälfte aus Importen gedeckt werden.

Nach einer Vereinbarung der **griechischen** Regierung mit der Gesellschaft „Aluminium de Grèce" wird diese Gesellschaft künftig aus 450000 t **Bauxit** jährlich 200000 t Tonerde und 62500 t **Aluminium** produzieren.

Die **westdeutsche** Gewinnung von **Naturstein** stieg 1962 mit über 72 Mill. t um 14,4% gegenüber dem Vorjahr.

Einer **österreichischen Töpferei** gelang es, ein silbergrau schimmerndes Porzellan mit Metallklang herzustellen, das der bei Ausgrabungen gefundenen „Terra Nigra" der Antike entsprechen soll.

Herausgeber: Staatliche Geologische Kommission und Zentrale Vorratskommission für mineralische Rohstoffe der Deutschen Demokratischen Republik. Für die kollektive Chefredaktion: Dr. K. KAUTER (Redaktionssekretär), Berlin. Redaktion: Berlin N 4, Invalidenstraße 44. Verlag: Akademie-Verlag GmbH, Berlin W 8, Leipziger Straße 3–4 (Fernsprecher 220441, Telex 011773, Postscheckkonto: Berlin 35021). Bestellnummer des Heftes 1047/10/1. Alleinige Anzeigenannahme DEWAG-WERBUNG, Berlin C 2, Rosenthaler Str. 28/31, und alle DEWAG-Betriebe in den Bezirksstädten der DDR. Die „Zeitschrift für angewandte Geologie“ erscheint monatlich. Bezugspreis 2,– DM je Heft. – Satz und Druck: VEB Druckhaus „Maxim Gorki“, Altenburg. Veröffentlicht unter der Lizenznummer 1279 des Presseamtes beim Vorsitzenden des Ministerrates der Deutschen Demokratischen Republik. Kartengenehmigung Nr. 8545, 778 und 1294